倉鼠
完全照護手冊

小動物獸醫師專業監修！

山口俊介 山口樹美／監修

YUZU動物醫院 小動物獸醫師
中西比呂子／醫療監修　蕭辰倢／譯

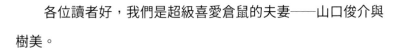

前言

　　各位讀者好，我們是超級喜愛倉鼠的夫妻——山口俊介與樹美。

　　在我們家中，有白色聖誕夜（加卡利亞倉鼠·白子）、東川口DELUXE（加卡利亞倉鼠·三色）、熱帶松子（加卡利亞倉鼠·三色）、流星啾（黃金鼠·大麥町）等合計4隻倉鼠寶貝，活蹦亂跳地一塊生活。

　　6年前，我們家第一次有倉鼠住了進來。我們夫妻倆都超愛動物，但由於丈夫俊介對動物過敏，一直以來飼養寵物一事只能斷念。不過某天，在居家用品量販店的角落，2隻圓嘟嘟的小倉鼠，卻深深捉住了丈夫俊介的心。從那一天起，2隻倉鼠成為家中成員，我們就此展開了與倉鼠同居的生活（幸運的是，丈夫對倉鼠並未產生嚴重的過敏反應！）。

　　太太樹美每天都會在部落格上和大家分享倉鼠的日常生活（Ameba部落格，站內暱稱「Kanan」）。藉此契機，我們有幸受邀上2018年10月的《Matsuko不知道的世界》（TBS電視台系列談話性綜藝節目，由松子DELUXE主持）擔任來賓，獲得了超乎預期的寶貴體驗。我們很開心能夠透過電視節目，向許許多多的朋友推廣倉鼠的魅力。

　不過正因節目引起了莫大的迴響，與此同時，亦有某些倉鼠愛好者認為：「能夠展現倉鼠的魅力是很棒沒錯，但很擔心隨便亂養的人會變多。」

　確實如此。倉鼠極其可愛，小小隻又好照顧，因此在飼養上容易流於隨便。不過，正因為牠們可愛，大家才更需要理解飼養後所必須面對的種種情事。

　倉鼠是非常脆弱的動物，溫度和濕度、提供的食物、鼠籠內的環境等，經常稍有不慎就會招來疾病。雖然有些孩子受遺傳影響，從一出生就是容易致病的體質；但倉鼠寶貝會生病，有一半以上都是飼主的責任。

　現實是當倉鼠生了病，專門負責診治倉鼠的動物醫院少之又少。絕大多數的動物醫院，雖然會治療狗狗和貓咪，卻都未曾接觸過倉鼠的病例、不曾為倉鼠動過手術。真正有經驗又值得信賴的獸醫師為數不多，實在很難遇見。就算有幸覓得獸醫師，大部分倉鼠的案例也以較難治療居多。那麼，究竟該怎麼做才好呢？總歸一句，請避免讓倉鼠生病或受傷，還有，早期發現、早期治療最是重要。萬一不慎生病或受傷了，千萬別靠外行知識下判斷，火速帶至醫院才是最佳處置方式。

倉鼠的壽命，就算長一點也僅3年左右。3年真的是一眨眼就過去的時光。希望大家能夠極盡所能，讓倉鼠在短短的一生當中，過得舒適又幸福。出於這樣的盼望，我們在這本書裡面，介紹了許多日常健康管控與早期發現的方法，可供盡力避免心愛的倉鼠寶貝生病或受傷。即便多少仍有遺漏，但相信必能為各位與倉鼠同居的生活派上用場。

小動物獸醫師專業監修！
倉鼠完全照護手冊

第 1 章　預防篇

第2章 症狀篇

從症狀窺見疾病跡象 ⋯⋯⋯⋯⋯⋯⋯⋯ 31

第3章 疾病篇

倉鼠寶貝容易罹患的疾病 ⋯⋯⋯⋯⋯⋯ 45

第1章／預防篇
讓倉鼠寶貝
總是活力滿滿

　　倉鼠的壽命短暫，而且非常脆弱、容易生病。能替倉鼠看病的醫院不多，要治療也有難度，因此盡可能別讓倉鼠生病最重要。請用心打造適居環境，並注重日常的健康管理，讓倉鼠能舒適且精神抖擻地過生活。

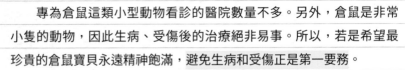

預防最重要

像倉鼠這樣的小動物，生病後要治療將會相當辛苦。
因此疾病預防極其重要。

　　專為倉鼠這類小型動物看診的醫院數量不多。另外，倉鼠是非常小隻的動物，因此生病、受傷後的治療絕非易事。所以，若是希望最珍貴的倉鼠寶貝永遠精神飽滿，避免生病和受傷正是第一要務。

　　倉鼠的健康管理，共有4個要點：

①營養均衡的食物

②乾淨的鼠籠

③適度的運動

④適宜的溫度、濕度

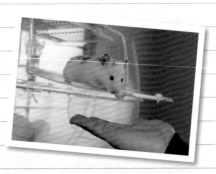

　　如果想避免倉鼠生病，平時就得好好留意這4點。倉鼠非常脆弱，有些孩子不太習慣人類，如果被過度撫摸，或是睡到一半時被吵醒，就會造成壓力。請留意不要過度干涉倉鼠的生活。

　　就算悉心維持優質環境、避免造成壓力，倉鼠寶貝仍有可能罹患疾病。為了防止病情惡化，請致力於早期發現、早期治療。體況不佳之際，必定會有些許徵兆。透過每天的觀察，哪怕只是跟平時稍有不同，也要儘早提供救護，或請獸醫師看診。

養成健康檢查的習慣

從傍晚至夜間，是倉鼠精神飽滿的活動時段。
請在此時檢查健康狀態。

每天在照料倉鼠的時候，都要記得檢查健康狀態。

倉鼠有隱藏些微疾病和傷勢的習性。據說這是因為野生倉鼠在狀態不佳時會佯裝無事，以防被外敵發現。因此，我們有時會太晚察覺倉鼠已經生病。為避免演變成「發現時已措手不及！」的事態，哪怕是小小的變化也得留意。

倉鼠的健康檢查，必須在倉鼠處於清醒狀態的傍晚至夜間進行。在倉鼠睡覺時硬是吵醒牠將會增添壓力，反而可能導致生病。請等倉鼠睡醒後活蹦亂跳之際，再行檢查健康狀態。只要每天都觀察，即使是細微的變化也能迅速察覺，達成早期發現、早期治療。

【建議】

食慾、糞便和尿液的狀態尤其須注意

清理環境的時候，正是檢查剩食、糞便、尿液狀態的好時機。諸如明明有量妥顆粒飼料的分量，倉鼠卻沒吃完(詳情參照P14)，或是糞便鬆軟、尿液量過多、顏色異於平時等等，任何微小的變化都不能放過。

打掃時要確認尿液的狀態。圖中廁砂顏色怪異的地方，就是血尿。

健康檢查的要點

想要掌握所有微小的變化，每天的健康檢查最是重要。
先學習一下觀察的重點吧。

毛色與光澤

體態不佳時無法好好理毛，因此毛色和光澤都會變差。

耳部汙垢

耳朵有汙垢、轉紅、產生氣味時，或是耳朵比平時還要垂下時，都有可能是生病了。

眼部光輝

眼中含淚、眼睛變紅（包含眼睛周圍）、腫起、眼屎過多時，都要注意。

鼻子汙垢

流鼻水、鼻子髒髒的時候，都有可能是生病了。

牙齒顏色

門牙的正常顏色為黃色至橘色。變白有可能是已經喪失活性（＝無法再發揮牙齒的功用）。

發現尾巴濕潤（濕尾症）的時候，即有可能是腹瀉，記得要好好確認。

尾巴

小知識

■ 倉鼠的牙齒

倉鼠的牙齒不會重新長出。斷裂或過度磨損，都會對健康產生影響，要多多留意。上下側的門牙畢生都會不斷變長（常生齒），臼齒則不會變長。

■ 倉鼠的壽命有多長？

倉鼠的一輩子相當短暫，據說平均是2.5年。倉鼠所度過的一天，之於我們可能就像以數個月為單位。

★黃金鼠（敘利亞倉鼠）➡ 2年半～3年
★加卡利亞倉鼠、坎貝爾倉鼠 ➡ 2年～2年半
★羅伯羅夫斯基倉鼠 ➡ 2年～3年
★中國倉鼠 ➡ 2年～3年

食慾與動作

倉鼠停止進食、動作遲緩，或是不停睡覺時，都有可能是生病了。請到醫院接受診斷。

體重

生病的時候體重會劇烈增減，而過胖也會導致生病。平時就要餵食蔬菜和顆粒飼料，點心類要有所控制。

身體的硬塊

觸摸身體時若發現硬塊，有可能是腫瘤。平時如果沒經常觸摸，便無法早期發現，飼主請盡可能自行觸診，並定期赴醫院接受健康診斷。

當倉鼠的指甲和牙齒長得太長時，就要協助改善環境，在鼠籠內配置砂盆、滾輪等。而若指甲變形或極度彎曲，則必須懷疑是生病了。

指甲和牙齒

【建議】

不同於野生倉鼠，養在家中的倉鼠並不會挖土，也沒辦法在砂子上跑來跑去，因此指甲一定會變長。請在鼠籠內設置滾輪、砂盆等，在允許的範圍內，打造出接近自然的狀態。

注重營養均衡

請餵食倉鼠用顆粒飼料。
食物的適宜比例為顆粒飼料60%、蔬菜類40%。

有句話說「醫食同源」，無論人類或是倉鼠，想要常保健康，正確的飲食生活舉足輕重。人類的飲食生活是當事人的責任，倉鼠的飲食生活則是飼主的責任。請務必具備正確的知識，謹慎提供適量且營養均衡的食物。

■ 倉鼠都吃什麼東西？

「倉鼠的食物，當然就是葵花子啦！」大家或許都會這樣想，但種子類含有高熱量，過度餵食將引發倉鼠肥胖，因此請視為豪華大餐偶爾為之就好。

主食部分，請餵寵物用品店等所販售的「倉鼠用顆粒飼料」。顆粒飼料會按倉鼠的品種分門別類，例如適合侏儒鼠類、適合黃金鼠類等等。顆粒飼料裡含有倉鼠寶貝不可或缺的均衡營養。

顆粒飼料分成軟型、硬型，請餵倉鼠吃硬型飼料。倉鼠的牙齒會持續生長，必須餵食堅硬的食物才能磨牙。柔軟的顆粒飼料，則會使牙齒生長過剩。

有些書籍會說，基本上只要給顆粒飼料和水就可以了；但蔬菜也一定要餵食，才能補充顆粒飼料所缺乏的纖維質。倉鼠會從蔬菜中攝取水分，而想維持良好的腸道環境，蔬菜更是必不可少。較建議的包括小松菜、青江菜等葉菜類。顆粒飼料和蔬菜的比例，約以6：4為佳。

健康飲食生活的要點

▋ 精確控制顆粒飼料的用量

　　如果倉鼠寶貝想吃就餵的話，最後將會引發肥胖。黃金鼠類以每天10～15g、侏儒鼠類以每天3～4g為宜。若經確實測量過才餵，倉鼠卻沒有吃完，就有可能是提供太多點心，或是體況不佳。要多留心倉鼠的狀態。

顆粒飼料的適宜用量	
黃金鼠類	10～15g
侏儒鼠類	3～4g

要好好測量喔！

▋ 吃剩的蔬菜必須丟掉

　　蔬菜很容易腐壞，沒吃完要記得馬上丟掉。若倉鼠寶貝吃到腐壞的蔬菜，有可能會拉肚子。

▋ 點心只能少量餵食

　　顆粒飼料可以滿足一日所需的餐點量，因此就算要餵點心，也只能給極少量。葵花子、南瓜子是倉鼠超愛的食物，但含有高熱量、高脂肪，請不要提供太多。大致上每週約給1粒。

▋ 每天都要換水

　　飲水器的水請每天更換，要供應倉鼠新鮮的水。記得要確認飲水器是否有發黴，並常保清潔。

好好喝！

肥胖是健康的大敵！

就跟人類一樣，肥胖也是倉鼠的萬病之源。
提供適量的食物、讓倉鼠適度運動來防止肥胖吧！

倉鼠的食慾非常旺盛，然而，不能每當倉鼠想吃就餵食。倉鼠有許多由肥胖所引起的疾病與併發症，從平時就要適量給予食物。

若是健康的年輕倉鼠，飼主必須避免提供含有大量脂肪成分的奢侈食物，例如：葵花子、麵包蟲等。這些食物的營養相當不均衡，可能會引發肥胖或疾病；其礦物質成分也過多，可能會造成結石。

麵包蟲含有大量的磷，倉鼠的消化器官無力消化，有時候會釀成佝僂病，因此請不要餵食。光是顆粒飼料和葉菜類，營養就很充分了。就算想當成點心來餵， 1～2週期間內，葵花子請控制在1顆、麵包蟲1隻左右。

不過仍有例外。在倉鼠生病或邁入高齡而喪失食慾的情況下，與其什麼都不吃，能吃反而是件好事，所以或許還是可以給。此時腸胃很虛弱，萬一無法消化會很麻煩，因此可將小動物用的雜食營養粉跟顆粒飼料搗碎，拌入少量的水，以做成柔軟的食物為佳。

要預防肥胖，營造能夠運動的環境也很重要。鼠籠內請務必放置運動用的滾輪。黃金鼠類和侏儒鼠類的體型有差，請務必配合身體的尺寸來挑選滾輪。倉鼠可能會被滾輪夾住腳而受傷，選擇時須充分確認滾輪是否有容易卡腳的縫隙。

▌倉鼠的適當體重

黃金鼠

1天的顆粒飼料建議餵食量：10～15g

適當體重　雄性：約85～130g

雌性：約95～150g

※依個體差異，
最重可達200g

加卡利亞倉鼠、坎貝爾倉鼠

1天的顆粒飼料建議餵食量：3～5g

適當體重　雄性：約35～45g

雌性：約30～40g

※依個體差異，最重可達70g

Djungarian

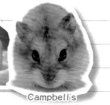

Campbell's

羅伯羅夫斯基倉鼠

1天的顆粒飼料建議餵食量：3～5g

適當體重　雄性、雌性：約15～30g

※依個體差異，
最重可達40g

小知識

黃金鼠以雌性的體型較大，
加卡利亞倉鼠、坎貝爾倉鼠
則是雄性比較大隻。羅伯羅
夫斯基倉鼠，雄性、雌性的標準體重幾
乎相同。

▌幫倉鼠打造運動場

　　倉鼠待在太寬闊的籠子裡會感到不安，因此請選擇尺寸大小適當的鼠籠，當成平時的生活場地。可另行打造轉換心情用的運動場，用管子連接鼠籠和運動場也不錯。只要擁有充分的運動空間，倉鼠就算沒有離開鼠籠在屋內散步，也不會運動不足。

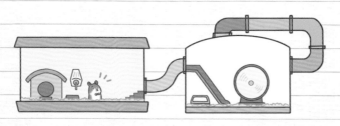

打造清潔的環境

維持倉鼠的健康，籠內清潔絕不可少。
挑選鼠籠時要考量清掃的便捷程度，以及是否能避免受傷。

　　倉鼠好發的眼、耳、皮膚疾病，經常是因籠內的髒汙而起。想讓倉鼠健健康康，清潔的環境絕對是必要條件。每天都必須更換廁砂和弄髒的墊材，每週要執行一次大掃除。

　　倉鼠的鼠籠包括鐵絲籠型和水族箱型。較不建議使用鐵絲籠型，因為倉鼠會啃咬鐵絲，導致咬合不正(參照P60)。較建議的類型，是倉鼠專用的塑膠型鼠籠(參照下圖)。鼠籠過窄會造成壓力，過於寬闊也會使倉鼠感到不安，同樣不是好事。有些人會用衣物收納箱來養倉鼠，畢竟太過寬闊，還是不太建議。

　　塑膠飼養箱容易積累熱氣，尤其在夏季時，必須用心管控溫度並調整濕氣。

【建議】

鼠籠的類型五花八門，其中也有城堡般的可愛造型。不過，挑選時請以「倉鼠寶貝不會受傷」為優先考量。建議使用三晃商會的「Roomy Basic」和「Roomy 60」。不會過寬或過窄，用來飼養倉鼠大小剛剛好。其側面並未使用會導致咬合不正的鐵絲網，此外設計上也藏有巧思，例如在開關盒蓋的時候，不會夾住倉鼠的腳。

※上述介紹為日本品牌，台灣讀者請參考並選用類似的產品。

幫倉鼠寶貝打造舒適的家！

放入便盆及專用的廁砂。砂子請只要丟掉弄髒的部分，替換成新的。記得每週一次，要將砂子全數換新。

據說倉鼠一晚可以奔跑5～20公里。若想解決運動不足的問題，請務必設置滾輪。要選擇合乎倉鼠體型的產品。

倉鼠常會選在暗處安穩入睡，因此一定要放巢箱。

廁所

滾輪

巢箱(祕密基地)

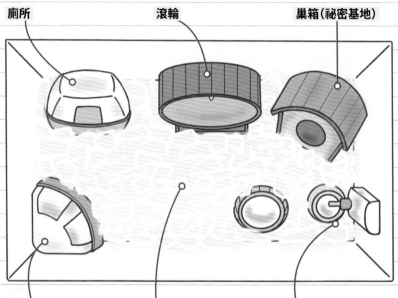

沐浴砂盆

倉鼠有自行清潔身體油脂和髒汙的天性，因此盡量都要放置沐浴砂盆。請使用市售的砂浴（玩砂用）容器，放入砂浴用的細砂粒。

墊材

木漿材、廚房紙巾較不會引發過敏，也比較容易發覺出血、尿液變色等，相當建議使用。有些孩子在碰到針葉樹、闊葉樹的墊材時會過敏，因此不太建議。報紙含墨，而且紙質可能引發過敏。剛開始使用新墊材時，請留意倉鼠是否有流鼻水、打噴嚏、異常呼吸聲、食慾不振等體況變化。

飲水器

每天都要換水。請保持瓶身的清潔，避免產生黏液或黴菌。如果倉鼠看起來好像喝得很辛苦，也有可能是堵住了。記得留意飲水器可否正常出水等。

小知識

純黑色倉鼠，或是擁有黑熊般黑毛的倉鼠，分泌的油脂會比其他品種的倉鼠還要多。

溫度、濕度管控不可懈怠

夏季的中暑和冬季的低體溫症，最該小心留意。
運用空調，保持舒適的溫度和濕度吧！

對小小的倉鼠而言，劇烈的溫度變化足以致命。在飼主離家期間，因未管控溫度而導致倉鼠死亡的案例，意外地多。

倉鼠在自然界中會挖洞居住。地底下的溫度變化不太劇烈，全年皆可維持在17℃左右。在飼養狀態下，如果是健康的年輕倉鼠，適溫為20～26℃。無論夏季或冬季，都要保持這個溫度。濕度則以40～60%為宜。請在鼠籠旁放置溫度計和濕度計，時常確認溫度和濕度。

想常保穩定的溫度，建議可以使用空調。市面上也售有寵物用的加溫器，但是無法連濕度管控一併做到。請以空調為主，加溫器單純作為輔助。倉鼠討厭吹風，因此不建議使用電風扇。電風扇無法調節溫度，而且倉鼠不會流汗，因此也無法達到降低體溫的效果。

倉鼠的適宜溫度，會依品種而有微幅差異（參照次頁）。稍有出入也不要緊，但請不要低於18℃，以免引發感冒。低於10℃就會有危險，低於5℃，倉鼠即會進入假死狀態（偽冬眠），屬於相當危篤的情形。無論夏季或冬季，溫度管控都要做足。

濕度方面，冬季要用加濕器來調整。夏天的梅雨季，則要勤於確認濕度計，時而必須幫忙除濕。

倉鼠各品種的適宜溫度和濕度

加卡利亞倉鼠

羅伯羅夫斯基倉鼠

黃金鼠
（敘利亞倉鼠）

坎貝爾倉鼠

溫度	24～27°C
濕度	40～60%

溫度	20～24°C
濕度	40～60%

溫度	22～26°C
濕度	40～60%

溫度	20～24°C
濕度	50～70%

※上述為倉鼠健康時的適宜溫度。如倉鼠因疾病、受傷而導致體況惡化，或已步入老年，
　則應遵照醫師囑咐，配合體況調整溫度。

關於清理鼠籠

保持鼠籠的乾淨清潔，對於倉鼠的健康事
關緊要。廁砂和弄髒的墊材請每天打理，
每週則要大掃除一次。此外每月一次，必
須將鼠籠、內部的巢箱、便盆、滾輪、沐
浴砂盆全部取出，洗過後曬太陽消毒。不
過，大掃除會導致倉鼠自身留於環境中的
氣味消失不見，對倉鼠來說會造成相當大的壓力。若
是剛開始飼養沒多久的孩子，或是性格上較難接受的
倉鼠寶貝，就不必全面清洗，只要把太髒的東西洗一
洗就行了。

打造不會受傷的環境

受傷常是骨折或扭傷。在鼠籠外也要小心避免發生意外。
整頓環境，消除潛在受傷因素非常重要。

倉鼠受傷最常見的原因，有以下5項：

①多隻飼養引發爭執

②從高處墜落

③腳部卡進鐵絲籠的縫隙

④啃咬鐵絲籠的鐵絲，導致牙齒斷裂或咬合不正

⑤在鼠籠外放風散步時發生意外

反過來說，只要排除上述這些原因，就能夠大幅降低受傷機率。也
就是：

①不要多隻飼養

②不使用會導致從高處墜落或夾住腳部的危險玩具和高層鼠籠

③用手捧著倉鼠時，務必要在靠近地面的低處

④不用鐵絲籠飼養倉鼠

⑤用夠寬敞的鼠籠飼養，若飼主無法監控，就不能隨意放倉鼠出來
　散步

第⑤點尤其應留意。倉鼠很愛冒險，如果鼠籠夠寬敞，就算不出到
外頭也不要緊。放倉鼠到籠外散步，相當容易發生意外，諸如躲在冰箱
後頭不出來、掉進熱水中、啃咬電線而觸電等。要在室內放風的話，時
間不能太長，而且絕對不能離開視線範圍。

預防受傷的檢查要點

1 避免多隻飼養

好擠喔～

2 不用高層鼠籠飼養

有高度的玩具也非常危險喔！

3 手捧倉鼠時要位在低處

無法好好看管，就不能放到高處！

4 不用鐵絲籠飼養

啃咬後可能會掉牙！

5 到籠外散步期間，不可離開視線範圍

這是許多意外的原因！

學會受傷時的緊急處理方式

外行判斷和自行治療都很危險。
別天真地認為「這種程度沒關係」，請儘早帶至醫院。

倉鼠是非常脆弱的動物。稍微受傷都可能惡化而攸關生死，請儘早帶至醫院。赴院前的緊急處置方式，也要先學起來。

▌扭傷或骨折

倉鼠的傷勢，經常都是扭傷或骨折。原因包括自高處墜落、腳部夾進鼠籠或滾輪的縫隙等。如果倉鼠的腳部腫大，或拖著腳走路，就要懷疑可能是扭傷或骨折。受傷後繼續活動會導致惡化，因此請將倉鼠放進不太能移動的小盒子裡，盡快帶至醫院。

▌擦傷或割傷

將多隻倉鼠養在一起，可能會因爭執等導致擦傷或割傷。若傷口有髒汙，請拿紗布沾濕擦掉。如有出血情形，則要用乾淨的紗布按壓傷口直到止血。有時可能會化膿，請帶至醫院。

▌燙傷

當倉鼠在籠外散步，可能因碰觸爐火或熱水而燙傷。放倉鼠出籠的時候，視線絕對不能離開倉鼠。

緊急處理的方式，可拿使勁摔乾的毛巾包住燙傷處，予以冰敷。但必須注意別冰敷過頭。請即刻帶往醫院接受診斷。

盡量避免多隻飼養

倉鼠會為了搶地盤而打架，也可能會受傷。
成長到約8週大後，就要分籠生活。

　　雖然因飼養環境和性格而異，不能一概而論，但倉鼠通常都具有強烈的地盤意識，不適合多隻飼養。縱使提供了合宜的飼養空間和環境，有些孩子早從出生後6週左右，就會萌生地盤意識，並開始攻擊同伴。雄性尤其比較早。等過了10週後，就連雌性間、沒有個體差異的倉鼠之間，也可能會發展出近乎相殺的爭執情況。時至第8週，就必須分籠飼養。

　　羅伯羅夫斯基倉鼠，如果能擁有夠寬敞的空間，其實有可能多隻飼養。倘若無論如何都想多隻飼養，請選擇雌性，並從幼年時期開始就養在一起。記得要觀察共住情形，如果會打架的話，還是改成分籠居住會比較好。

　　空間怎樣才夠寬敞，依倉鼠的品種而異。黃金鼠類的倉鼠，以飼養5隻為例，如能有約1㎡的飼育空間(地面面積)，理論上或許可以辦到；但黃金鼠類的地盤意識尤其強烈，在現實上是不可能的。為了避免爭執導致受傷或意外，還是別這麼做比較好。

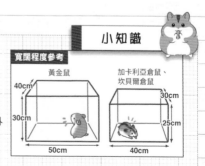

小知識

▋倉鼠寶貝的適切飼養空間

每隻所需的適切飼養空間（地面面積）

★加卡利亞倉鼠、坎貝爾倉鼠(成體) 0.12㎡
★黃金鼠(成體) 0.2㎡

　※擁有適切的飼育空間，就算不放到籠外
　　散步，倉鼠也能平靜放鬆地愉快度日。

寬闊程度參考

黃金鼠
40cm
30cm
50cm

加卡利亞倉鼠、
坎貝爾倉鼠
30cm
25cm
40cm

若想繁殖倉鼠

倉鼠會以人稱「鼠類公式」（編按：指數量以等比級數增加）的速度增生。
想繁殖倉鼠，須先自問能否疼愛牠們，一路照顧到最後一刻。

倉鼠在出生後5～6週之間，就邁入性成熟期，繁殖能力極強，雌鼠每4天會進入一次性週期，期間約12～20小時，稱為發情期。

生下來的幼鼠數量，黃金鼠類為4～16隻；侏儒鼠類（加卡利亞倉鼠、坎貝爾倉鼠、羅伯羅夫斯基倉鼠）為1～9隻（平均5隻），相當多產。維護能讓倉鼠舒適度日的環境，照顧倉鼠直到最後，需要相當程度的決心。若要在家中繁殖，請先好好考量一番。

小知識

■ 倉鼠的性成熟期、懷孕期

黃金鼠
　　性成熟期：出生後5週～　　懷孕期：約2週～

加卡利亞倉鼠、坎貝爾倉鼠、羅伯羅夫斯基倉鼠
　　性成熟期：出生後6週～　　懷孕期：約20天前後

※所謂性成熟，是指進入可繁殖後代的狀態。

生病時的照料方式

請別太過干擾，讓倉鼠自行休息。
保持適當的溫度和濕度，讓倉鼠靜養最重要。

　　當倉鼠不幸生了病，在寧靜的暗處放鬆靜養是很重要的。無關乎疾病或傷勢，房內的溫度一定要留意，維持在22～26℃左右。

　　如果是冬季，請使用寵物（小動物）用的加溫器，並一邊確認溫度計，讓倉鼠好好休息。倉鼠是難以承受溫度變化的動物，但人總不可能24小時隨侍在側，因此請將暖氣設定在24℃，讓空調自動運轉。

　　夏季也是一樣，請將冷氣設定在26℃自動運轉，透過空調24小時管控溫度。這一點意外地相當容易疏忽，諸如前往醫院等短時間離家可另當別論，平時則務必使用空調設備，保持適宜的溫度（適宜溫度參照P20）。

　　倘若將多隻倉鼠養在一起，若有倉鼠生病，就必須移至別的鼠籠。生病期間的餐點，請將顆粒飼料泡軟再餵，也可以將蔬菜或種子類搗成糊狀混入其中。小動物用的營養粉等，也可好好活用。

　　當倉鼠體況不佳時，可能會不想要吃東西，但不進食就會越來越虛弱，因此就算少量也好，還是要努力讓倉鼠吃下。也可以將蔬菜搗碎後加水調稀，用滴管餵食。

先找好動物醫院

能替倉鼠看診的醫院並不多。
從平時就要讓倉鼠寶貝習慣健康檢查。

　　動物醫院診治的對象，主要都是貓狗，現況是能治療倉鼠的醫院並不多。另外，在倉鼠之列中，能替黃金鼠類看診的又占了多數，許多醫師並不具備能夠診察加卡利亞倉鼠、坎貝爾倉鼠、羅伯羅夫斯基倉鼠等侏儒鼠類的知識和技術，有時會拒絕看診。

　　請為突如其來的疾病或傷勢做足準備，事先尋覓能幫倉鼠看診的醫院。先在網路上搜尋接受倉鼠求診的動物醫院，包括休診日、是否開放夜間看診、能否動手術等，都必須先行確認。若有不甚清楚之處，撥通電話，進一步詳細詢問會更放心。

　　倉鼠非常脆弱，很討厭被不認識的陌生人觸碰。比起生了病才初次上門看診，最好趁健康的時候就先帶去接受健康檢查等，讓倉鼠習慣造訪醫院。

　　健康檢查每年約做一次較為理想。可請醫院協助檢測身體、檢查牙齒、確認糞便及尿液。價格依醫院而異，日本約在2,000～3,000日圓左右(編按：台灣約數百元不等)。

【建議】

如果倉鼠需要看診，雖因醫院和診療內容而異，在日本每次平均花費約為1,000～3,000日圓(編按：台灣約數百元不等)，藥費另計。必須長期往返醫院或投藥的疾病絕對不在少數，有時甚至會需要動手術。在這樣的情況下，治療費和藥費，將會是以數萬日圓為單位的開銷(編按：台灣約數千元不等)。雖然也有寵物保險可以保，不過最省錢的方式，當然還是別讓倉鼠生病。

當倉鼠寶貝邁入高齡

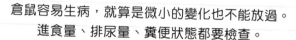

倉鼠容易生病，就算是微小的變化也不能放過。
進食量、排尿量、糞便狀態都要檢查。

　　倉鼠的壽命約莫2年半～3年。速度快一點的孩子，從1歲半起就會開始老化。到了2歲，可說已是相當高齡。邁入高齡之後，倉鼠的身體將產生變化，諸如動作變遲緩、體毛失去光澤、眼睛變白、牙齒脫落、指甲長得太長等。此時也會更容易罹患疾病，因此每天都要檢查健康狀態，仔細觀察倉鼠寶貝的模樣。以下這點並不限於高齡的倉鼠：請觀察糞便和尿液的狀態，一旦發現異樣，就要儘早帶去醫院。

早期發現、
早期治療很重要！

【建議】

▶ 如果牙齒好像弱化了，就要將顆粒飼料用水泡軟。

▶ 動作變遲緩之後無法磨掉指甲，因此指甲會越來越長。請幫倉鼠剪掉指甲前端，以免造成受傷。如果不放心自己剪，也可委請獸醫師協助。

▶ 鼠籠裡要盡量避免有高低落差。滾輪必須拿掉。

向倉鼠寶貝說再見

既然是生物，免不了都有道別的一天。
先想好倉鼠的身後事，事到臨頭就不會手足無措。

　　跟倉鼠說再見的日子，意外地很快就會到來。要跟百般疼愛的倉鼠寶貝說再見，實在是相當痛苦的事。為了避免屆時不知所措，一旦倉鼠邁入高齡，就要先想好該如何處理身後事宜。方法包括埋葬在自家，或是委由寵物殯葬業者處置。而如果選擇火葬，在日本也可委託地方政府辦理。請向居住地的地方政府洽詢(編按：台灣亦可委由各地方政府代為處理火化，請自行洽詢)。

　　順帶一提，擅自將倉鼠埋葬在公園等公共場所，在日本將觸犯《廢棄物處理法》，形成非法丟棄。

▌埋葬在自家

　　若家中有庭院，可以埋葬在庭院中。請盡量埋葬於深處，以免被貓咪或烏鴉翻挖出來。若是沒有庭院的大廈等處，近來也有越來越多人選擇埋在盆栽裡。要盡可能選擇有深度且穩固的盆栽。

▌委託寵物殯葬業者

　　在日本分成「集體火化」、「個別火化」、「訪宅火化」3種類型(編按：台灣分成「集體火化」、「個別火化」2種)。除了火化之外，從喪禮、造墓到下葬都可協助處理。費用依處理方式和業者而異，請充分確認。

▌委託地方政府

　　日本各地方政府的負責處室並不相同，請先試著致電總機詢問。費用也依各地方政府而異，應在免費～數千日圓間(編按：台灣亦可委由各地方政府代為處理火化，費用為數百元)。

第2章／症狀篇
從症狀窺見
疾病跡象

　　倉鼠就算身體狀態不佳，也無法自行告知飼主。另外，牠們原本就有隱藏疾病和傷勢的天性。為了避免發現時後悔莫及，平時就要充分觀察倉鼠的狀況，如果覺得跟平常不太一樣，就要馬上帶至醫院。

各症狀之可能的疾病【對照表】

	症狀	可能的疾病	
眼睛	淚眼汪汪 眼睛或眼周泛紅 腫脹 眼屎過多 似乎看不見	白內障 結膜炎、角膜炎 青光眼 霰粒腫（麥氏腺腫）	»»P46 »»P48 »»P50 »»P54
耳朵	耳朵流膿或發臭 走路搖晃或轉圈圈	中耳炎、內耳炎	»»P56
	耳朵發癢 耳後掉毛 頻繁甩頭	外耳炎	»»P58
嘴巴	門牙過長、左右長度相異	咬合不正	»»P60
	流口水或有口臭 牙齦腫脹或出血 臉部腫脹 食慾不振 眼球突出	蛀牙、牙周病	»»P62
頰囊	頰囊自口中掉出	頰囊脫垂	»»P64
	頰囊異常腫大 倉鼠很在意頰囊 頰囊傳出膿臭味	頰囊膿瘍 頰囊腫瘤	»»P66 »»P68
皮膚	皮膚潰爛或發炎 掉毛 發癢 皮膚疼痛	皮膚炎（過敏性） 皮膚炎（感染性）	»»P70 »»P72

內臟	浮腫	糖尿病	>>>P74
	喝多尿多	脂肪肝、肝炎、肝硬化、肝細胞癌	>>>P76
	食慾不振	肝囊腫	>>>P78
		心臟病	>>>P80
呼吸系統	打噴嚏		
	流鼻水且皮膚潰爛	細菌性呼吸道感染症、肺炎	>>>P82
	呼吸異常、貌似痛苦	感冒	>>>P84
硬塊	有硬塊		
	有膿臭味	皮下膿瘍	>>>P98
	發癢	血腫	>>>P100
	有瘡痂	淋巴瘤	>>>P102
糞便	細且極軟的糞便		
	水水的糞便	腹瀉、軟便	>>>P86
	屁股濕潤	直腸脫垂	>>>P90
	便祕	腸阻塞	>>>P88
	腸子自屁股跑出	直腸脫垂	>>>P90
尿液	血尿		
	排尿困難	膀胱炎	>>>P92
	頻尿	結石（尿道結石、膀胱結石）	>>>P94
	腹部鼓脹	子宮蓄膿、子宮水腫（雌性）	>>>P96
	屁股流膿		
動作	手腳痙攣		
	失去意識	癲癇發作	>>>P104
	走路搖晃	中暑	>>>P106
	呼吸似乎很痛苦		
	手腳往奇怪的方向彎曲	骨折	>>>P108
	手腳搖晃蹣跚		

眼部異常

當倉鼠搔抓或摩擦眼睛時有雜菌跑入，
有可能會引起眼部發炎、化膿。

這些症狀要注意！

- ☐ 淚眼汪汪
- ☐ 眼睛或眼周泛紅
- ☐ 腫脹
- ☐ 眼屎過多
- ☐ 似乎看不見

↓ 可能疾病

■ 結膜炎、角膜炎　　　　》》》見P48

當廁砂、塵埃等跑進眼裡，搓揉可能會導致眼瞼發炎，症狀包括眼瞼腫脹、產生眼屎或是眼淚。這也可能是墊材等物品引發過敏所致。眼瞼內側（結膜）發炎是結膜炎；角膜（眼球前側的透明膜）發炎則為角膜炎。置之不理的話將會惡化。

預防法 常保籠內清潔。若起因是過敏則要換掉含過敏原的墊材。

■ 白內障　　　　　　　　》》》見P46

眼睛白濁，視力逐漸變差。這跟人類一樣，屬於老化現象的一種。偶爾也會因為遺傳、其他疾病的併發症而引起。可點眼藥水減緩疾病進程，但無法完全治癒。去除籠內的高低差等，為倉鼠打造即使眼睛看不見也能方便生活的環境，可說是最實際的處置方式。

預防法 從開始老化的1歲半前後，就要小心留意。

■ 青光眼　　　　　　　　》》》見P50

由於無法順利調整眼內的水分含量，眼壓上升之後壓迫到角膜和水晶體，導致眼內發炎或是出血。遺傳性因素偏多，並沒有特定的預防方法。劇烈的疼痛可能會使倉鼠陷入恐慌之中。請好好整頓籠內環境，以免倉鼠在跑來跑去的時候受傷。

預防法 無法預防。致力於早期發現，哪怕只有些許，也要盡力減緩病情進程。

■ 麥粒腫　　　　　　　　》》》見P54

睫毛根部被細菌感染，造成眼瞼內側的皮脂腺（麥氏腺）發炎或是積膿的疾病。以人類而言就像是針眼一般。治療方式是施以抗生素眼藥水，狀況嚴重時則會使用內服藥。假使仍未改善，則須動手術切開排膿。就算一度痊癒，還是很容易復發，要多注意。

預防法 常保籠內清潔。勤於清理容易造成感染的廁砂。

耳朵發癢

這不是致命的疾病，但倉鼠過度搔抓可能會使耳朵斷裂；
倘若置之不理，也可能造成食慾不振。

這些症狀要注意！

- ☐ 耳朵癢
- ☐ 耳部髒汙
- ☐ 耳中有惡臭
- ☐ 耳後掉毛
- ☐ 頻繁甩頭

可能疾病

▌外耳炎　　　　　　　　»»»見P58

外耳累積的耳垢裡有細菌繁殖，導致發炎的狀態。可能是因過敏引發，或耳內長出疣狀物，耳垢在該處累積所致。有時會自然痊癒，但若惡化，倉鼠過度搔抓可能會導致掉毛，或是耳部斷裂。治療時會透過耳滴劑抑制發炎，並清理耳部。

預防法 保持鼠籠清潔。更換含過敏原的物品(墊材的木片等)。

▌中耳炎、內耳炎　　　»»»見P56

外耳炎惡化後，連耳朵深處的內耳都發炎的狀態。感冒時會發病，也可能是受到呼吸道感染症影響所致。當發炎情形加重，抵達三半規管處時，倉鼠甚至可能喪失平衡感，導致走路時搖搖晃晃。還可能併發眼瞼炎或結膜炎。治療方式與外耳炎的情況相同，會透過耳滴劑來抑制發炎，並去除髒汙。

預防法 保持鼠籠清潔。小心別讓倉鼠罹患感冒。

▌耳部腫瘤

腫瘤在各處都容易長出，有可能會被誤判成外耳炎或皮膚炎，因此切忌由外行判斷。高齡倉鼠較易罹患。

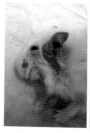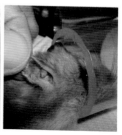

預防法 遺傳因素也有影響，原因並不明朗。除了減少壓力、提供乾淨的飼養環境外，別無預防方法。

【建議】

倉鼠的嗅覺非常靈敏，如果每天都打掃，將會造成相當程度的壓力。請每隔2天換掉約一半的墊材，浴砂和廁砂則要每天換新。

嘴巴、牙齒、進食方式異常

倉鼠的門牙畢生都會持續生長。
牙齒的疾病可能致命，要記得定期接受診察。

這些症狀要注意！

- ☐ 門牙過長、左右長度相異
- ☐ 流口水或有口臭
- ☐ 牙齦腫脹或出血
- ☐ 臉部腫脹
- ☐ 食慾不振
- ☐ 眼球突出

↓ 可能疾病

■ 咬合不正　　　　　　　　　》》見P60

牙齒無法整齊咬合，即是咬合不正。原因可能是過度啃咬籠網，導致牙齒彎曲、斷裂。盡吃過度柔軟的食物也是原因之一。不處理將會導致牙齒過長或是牙周病，無法順利進食，甚至有營養失調之虞。治療方式基本上就是剪除過長的牙齒。也可施打麻醉藥。一旦曾經咬合不正，就必須定期剪牙。

預防法 可將鐵網狀的鼠籠換成塑膠製鼠籠，並提供適度堅硬的食物。

■ 蛀牙、牙周病　　　　　　　》》見P62

因吃甜食等造成牙齦細菌感染，會演變成蛀牙或牙周病，這點人類跟倉鼠都是一樣的。倉鼠的牙根一路延伸至眼睛附近，因此若連牙根都遭細菌感染，發炎可能會擴散至眼睛和耳朵，最糟的情況甚至會擴散至腦部。因此，倘若病情尚輕，投以抗生素即可解決；而若演變成重症，則可能必須切開排膿或摘除眼球。

預防法 避免給予過多甜食。維護飼養環境的安全與清潔，避免牙齦受傷。

【建議】

倉鼠牙齒的顏色

倉鼠牙齒的顏色，由橘至黃、淡褐色的狀態都算正常。這是因為其琺瑯質中含有銅等金屬類。若是像人類一般的白色牙齒，則是缺乏鈣質等體況不佳的徵兆。

嘴部容易發生的疾病

不衛生的環境、打架導致的傷口等，都容易引發膿瘍。左圖是牙根處積膿腫脹（牙根膿瘍）的狀態。右圖是嘴部積膿（膿瘍）的狀態。治療方式是在醫院切除患部並排膿。

 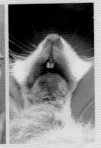

頰囊脹大

倉鼠在日常中會用到頰囊。

不過，若覺得「是不是脹得太過頭了？」也有可能是下列疾病。

這些症狀要注意！

- ☐ 頰囊自口中掉出
- ☐ 頰囊異常腫大
- ☐ 倉鼠很在意頰囊
- ☐ 頰囊傳出膿臭味
- ☐ 眼屎、淚眼
- ☐ 食慾不振

↓ 可能疾病

■ 頰囊脫垂　　　　　>>>見P64

這是頰囊發炎後掉出的疾病。有時是因腫瘤或感染的發炎所致；也有可能是具黏性的食物、會在口中溶化的食物等跑進頰囊裡，黏在頰囊的黏膜上無法脫落，倉鼠自行按壓頰囊，最後導致頰囊脫垂。如果症狀輕微，尚可將頰囊推回原位，但多數都會復發，因此切除才是最佳處置。

預防法 日常中請避免餵食具黏性、會在口中溶化、刺激性較強的食物。此病相當容易從外觀判斷，請即刻接受治療。

■ 頰囊腫瘤　　　　　>>>見P68

頰囊長出腫瘤，即是頰囊腫瘤。硬塊會逐漸變大，導致頰囊無法繼續使用。當倉鼠的食慾和體力明顯變差時，經常已是重症，因此早期發現最重要。頰囊長腫瘤時，也會引發眼屎等眼部症狀，因此若察覺眼部有異常，請馬上前往醫院。如果倉鼠有體力承受手術，就會動手術切除。

預防法 並沒有特定的預防策略。不過，從平時就營造低壓力的飼養環境對倉鼠非常重要。

■ 頰囊膿瘍　　　　　>>>見P66

這是頰囊發炎，腫脹積膿的疾病。將尖銳物放入口中弄傷頰囊，或是跟頰囊脫垂一樣，將容易引起發炎的食物類放進口中，都可能會引發細菌感染和發炎。堅果類等生食在口中腐壞也是原因之一。光靠內科治療難以完全治癒，必須動手術切開排膿。

預防法 尖銳的食物、容易引起發炎的食物與生食都要多多注意。

【建議】

一般對倉鼠而言，適宜的生活溫度為20～26℃，濕度則為40～60%。廁砂容易繁殖細菌，要勤於清掃。在這樣的環境下，相信倉鼠感受到的壓力也會比較小。

打噴嚏、流鼻水、呼吸異常

倉鼠不太會打噴嚏，
因此大部分的呼吸道疾病，都是從呼吸異常發現的。

這些症狀要注意！

- ☐ 打噴嚏
- ☐ 流鼻水且皮膚潰爛
- ☐ 呼吸異常、貌似痛苦
- ☐ 食慾不振
- ☐ 有眼屎

可能疾病

▌細菌性呼吸道感染症、肺炎 》》》見P82

倉鼠的身體很小，病情加重得很快，因此等發現症狀時，大多已經演變成了重症。呼吸時全身都在動、拱起背部蹲著，這類狀態都相當危險，多是感染了鏈球菌、流感病毒等。基本上會投以抗生素、消炎藥，若症狀嚴重，可能必須吸氧氣治療。

預防法 杜絕細菌、病毒的感染很重要。為了不讓倉鼠的免疫力變差，要好好打造低壓力的飼養環境。

▌感冒 》》》見P84

流鼻水、鼻下潰爛都是感冒的跡象。症狀雖然跟人類酷似，但由於倉鼠的身體很小，感冒通常會持續惡化。黃色鼻水有可能是肺炎正在發病。原因包括溫度、病毒、細菌。在溫度劇烈變化的換季時期，記得多多留意。不衛生的飼養環境也是原因之一。若難以自然痊癒，則會投以抗生素、維生素補充劑。

預防法 做好適切的溫度管控，避免急遽的溫度變化。整頓衛生的飼養環境也很重要。

【建議】

倉鼠打噴嚏時發出的聲響，聽起來常常像是「ㄎㄟ、ㄎㄟ」、「ㄎ、ㄎ」。此外，如果牙齦泛白、舌頭變成紅紫色，則有極高的可能性是呼吸困難。

 小知識

▌辨別倉鼠的貧血狀態

各式各樣的不適情形，都有可能造成貧血。倉鼠健康時前腳會呈淡粉紅色（左圖）。此處如果轉白，則有貧血的疑慮（右圖）。倉鼠有可能正在掩飾嚴重的疾病，因此要盡快帶至醫院。

掉毛

皮膚炎是倉鼠極常見的疾病。
若因為只是皮膚炎就掉以輕心，最後可能變得難以治療。

這些症狀要注意！

- [ ] 皮膚潰爛或發炎
- [ ] 掉毛
- [ ] 發癢
- [ ] 皮膚疼痛
- [ ] 狀似痛到難以行走

↓ 可能疾病

■ 皮膚炎（過敏性）　　》》》見P70

特定食物可能會引發過敏，不過多數情況都是由木片類的墊材或巢材所引起。只有接觸的部分會產生過敏反應，因此腹部、手腳前端會變紅，也可能掉毛。主要的治療方式是投以抗生素，有時也會使用免疫抑制劑。由於無法完全治癒，治療目的在於緩和症狀。

預防法 一定要去除過敏原。建議換成紙製的墊材和巢材。

■ 皮膚炎（感染性）　　》》》見P72

細菌或黴菌感染所引發的皮膚炎。主要症狀包括皮膚發炎、腫脹、發癢、掉毛等。當免疫力低下就容易受到感染。不夠衛生的飼養環境，細菌容易繁殖，對倉鼠而言也會造成壓力，導致免疫力變差。有時候光是改善飼養環境就可能復原，倘若沒有復原，則要投以抗生素和消炎藥。

預防法 便盆等容易引發衛生問題的地方都要勤於清掃。請保持良好通風，將溫度維持在20～26℃，濕度40～60%。

■ 皮膚腫瘤

當倉鼠邁入高齡，就容易長出腫瘤。這可以想成老化現象的一種。跟皮膚炎的差異在於不僅會掉毛，還會產生硬塊般的物體。

預防法 腫瘤的成因並不明朗，也無特定的預防方法。請盡可能提供倉鼠無壓力的舒適環境。

【建議】

皮膚炎就算症狀一樣，但成因類型眾多，治療方式也不同，必須接受正確的診斷。此外，醫生通常不會幫倉鼠開藥膏。因為倉鼠討厭被水濕濕，可能會將藥膏舔掉。

喪失食慾

倉鼠會將體況不佳隱瞞到最後一刻。
明顯的食慾不振，代表情況已經相當嚴重了。

這些症狀要注意！

- [ ] 沒有食慾，精神也不佳
- [ ] 日漸浮腫
- [ ] 呼吸似乎很痛苦
- [ ] 喝多尿多
- [ ] 血尿
- [ ] 腹瀉

↓ 可能疾病

■ 糖尿病　　　　　　　　　》》》見P74

這是血液中血糖值超標的疾病。初期時食慾和水分攝取量反而會一起增加，等到病情加重之後，才會引發食慾不振。第一型糖尿病的成因是遺傳，第二型糖尿病則起因於飲食生活。第一型不具有效的治療方法，難以完全治癒；第二型則會以飲食療法搭配中藥。倉鼠會變得很常喝水，因此要常備新鮮的水。

> **預防法** 第一型糖尿病並沒有特定的預防方法。第二型糖尿病須用心維持低熱量的飲食生活，運動也很重要。

■ 脂肪肝、肝炎、肝硬化、肝細胞癌
》》》見P76

這些肝臟疾病可概括稱為「肝病」。起因泰半是肥胖。肥胖會使肝臟堆積脂肪，最後導致無法正常運作。除了食慾不振，還會出現體重降低、腹瀉、血尿等症狀，並非飼主所能自行判斷的疾病。染上肝病後很難完全治癒，必須維持均衡的飲食生活、整潔的飼養環境，等候體況復原。

> **預防法** 維持均衡、低熱量的飲食生活。保持清潔的環境，防止細菌繁殖。

■ 肝囊腫　　　　　　　　　》》》見P78

這是腹部內長出囊腫的疾病。囊腫成長後造成壓迫，會導致喪失食慾。當囊腫變越大，也會引發呼吸困難和步行困難。年輕倉鼠較少罹患此病，年歲增長和體質應是主因。雖然可用針刺入腹部排水，但會復發。若目標是完全治癒，則必須開腹切除囊腫。

> **預防法** 在家中沒有特別可以採取的預防策略。請保持清潔、適溫、低壓力的飼養環境。

■ 心臟病　　　　　　　　　》》》見P80

當心臟生了病，就會難以順暢排出老舊廢物。這終將引發肺水腫或是胸水積累，造成呼吸困難、食慾不振。好發於高齡後心臟機能低下的倉鼠，主因應是遺傳性體質和年齡。心臟病很難完全治癒，可施以強心劑、血管擴張劑、利尿劑等內科治療，著重於減緩病情發展。

> **預防法** 未具特定有效的預防策略。請透過提供低熱量的飲食生活，預防肥胖和高血壓。

有硬塊或突起

如果有「硬塊」，大致可分成由感染症引發的膿瘍，
以及非因感染症所形成的腫瘤。

這些症狀要注意！

- [ ] 有硬塊
- [ ] 有膿臭味
- [ ] 發癢
- [ ] 有瘡痂
- [ ] 食慾不振、精神不佳

↓ 可能疾病

■ 皮下膿瘍 　　　　　　　》》》見P98

皮膚下方因積膿而隆起。觸碰時會有脆硬感。
起因包括在鼠籠內受傷、倉鼠間爭執時咬傷而
引發細菌感染。另外，不衛生的飼養環境也是
細菌繁殖的巨大要因。請趁膿尚未在體內擴散
之前帶去醫院！膿很黏濁，切開去除之後，將
會投以抗生素。若未改善飼養環境，也可能會
復發。

（預防法） 避免多隻飼養，營造不易打架、
衛生的飼養環境。

■ 淋巴瘤 　　　　　　　》》》見P102

這是很難治癒的惡性腫瘤。會產生硬塊、不易
治療的瘡痂等，並逐漸變大。發病應與遺傳性
體質、年齡增長有關。治療方式除了手術切除
之外，還包括投以抗癌藥、免疫賦活劑、消炎
藥等，會考量腫瘤和倉鼠的狀態予以治療。不
過，每一種治療方式都旨在暫時緩解痛苦。

（預防法） 沒有特定的預防方式。請營造低
壓力的飼養環境，防止免疫力變差。

■ 血腫 　　　　　　　》》》見P100

膿瘍是膿的積累，血腫則是由血積累而成的腫
塊。摸起來軟軟的，不像膿瘍那般堅硬。顏色
也不同，呈紅紫色。不過，請務必前往醫院，
以利獲得正確診斷。起因包括打架、受傷所導
致的外傷，以及內臟疾患所引發的內出血。小
小的血腫尚有可能自然痊癒；若是大塊血腫，
倉鼠撓抓恐會造成受傷，因此必須切開之後排
血，接著止血、消毒。

（預防法） 避免受傷，並用心維持安全的環
境。剪指甲也很重要。

【建議】

所謂低壓力的飼養環境，是指夠清潔
乾淨、溫度介於20～26℃之間、濕
度低於60％。請將鼠籠放在日光不
會直射的位置，避用使用容易造成受
傷的雙層鼠籠，並且不要多隻飼養。
光是做到這些，相信已能大幅降低倉
鼠罹病的機率！

腹瀉

倉鼠平時的糞便圓滾滾的，如果變成腹瀉，就是疾病的徵兆。
相反地，便祕也代表著腸道異常。

這些症狀要注意！

- [ ] 細且極軟的糞便
- [ ] 水水的糞便
- [ ] 屁股濕潤
- [ ] 便祕
- [ ] 腸子自屁股跑出
- [ ] 沒食慾也沒精神

可能疾病

腹瀉、軟便
》》》見P86

腹瀉的症狀有很多種，只要糞便不是圓滾滾的固體，而會附著在墊材等處，就可以稱之為腹瀉。尤其會弄濕屁股的水狀糞便，極為危險，這是稱為濕尾症的狀態。一般說來起因可能是壓力、水分和油分偏多的飲食生活、細菌感染等。治療時應投以抗生素，若病情嚴重，也會使用止瀉藥、點滴。

預防法 維持低壓力的飼養環境，以及均衡的飲食生活。避免餵食過多堅果類。

腸阻塞
》》》見P88

這是腸道阻塞的疾病。倉鼠將處於便祕狀態，食慾也會變差。明明越來越瘦，肚子卻腫脹起來，是相當危險的情況。最常見的起因是誤食異物。廁砂、墊材、毛球皆是其中代表。此外也有可能是腹部的腫瘤壓迫到腸子。有時吃瀉藥可以治癒，但通常皆須透過開腹手術排除異物。當病情嚴重時，也可能無法動手術。

預防法 避免將可能誤食的異物放在倉鼠附近。另外，含有膳食纖維的飲食生活可以預防便祕。

直腸脫垂
》》》見P90

這是因為腹部承受過度負荷，導致位於肛門附近的直腸從屁股跑出來的疾病。會出現食慾不振、精神萎靡等全身症狀，倉鼠也可能會啃咬自己的腸子。主要起因是激烈的腹瀉。其他還包括便祕、高齡等因素。若情況允許，可將跑出來的腸子推回原位；若難以為之，則必須動手術放回。如果倉鼠無法承受手術，則會投以抗生素。

預防法 避免造成壓力，並適當管控飲食生活，別讓倉鼠腹瀉。

【建議】

許多醫院都會檢查糞便，藉以調查腹瀉的起因。請盡量在新糞便尚未乾掉前就打包好，攜帶至醫院。腹瀉可能致命，要馬上帶倉鼠去醫院。

生殖器出血

若有血尿、屁股出血等情形，
有可能是泌尿器官或生殖器官出現異常。

這些症狀要注意！

- ☐ 血尿
- ☐ 排尿困難
- ☐ 頻尿
- ☐ 腹部鼓脹
- ☐ 屁股流膿
- ☐ 精疲力竭、無食慾

↓ 可能疾病

■ 膀胱炎（雌雄共通）　≫≫ 見P92

當有細菌進入膀胱，就會引發膀胱炎。主要症狀包括血尿、排尿困難。由於尿液難以排出，可能會導致頻尿。隨著病情發展，食慾也會變差。主要原因是細菌感染，邁入高齡後免疫力下降也是原因之一。一般會採用內科治療，投以抗生素和止血劑等，不過要完全治癒極有難度，常見復發。

（預防法）整頓清潔的飼養環境，避免細菌繁殖。廁砂要勤於清理。

■ 結石（尿道結石、膀胱結石）　≫≫ 見P94

這是多餘的鈣在結石之後堵住尿道和膀胱的疾病。除了會損傷尿道和膀胱，病情加重後還會演變成尿毒症，足以致命。倉鼠所喜愛的堅果類含有大量礦物質，此為可能的肇因。含有大量草酸的食物也應避免。若是小顆易溶解的結石，接受內科治療即可解決，大顆的結石則須動手術去除。

（預防法）不攝取過多礦物質，提供蔬菜等含有大量水分的食物。

■ 子宮蓄膿、子宮水腫（雌性）　≫≫ 見P96

子宮內積膿或積水，膿排出後導致屁股濕潤。病情輕微時，病徵不太會浮上檯面；當出現食慾不振、體重減少等情況，則可能已經發展成重症。好發於1歲以上的倉鼠，可能原因包括隨著年紀增長，性荷爾蒙分泌不均衡，或是遭細菌感染所致。使用抗生素的內科治療經常無法見效，若欲完全治癒，就必須接受子宮摘除手術。

（預防法）為避免倉鼠免疫力下降，請整頓飼養環境。過了1歲之後也要控制繁殖。

【建議】

當廁砂變成淡粉紅或淡褐色時，就有血尿的可能性。請讓倉鼠在未放廁砂的塑膠盒中小便，並用針筒採集，帶至醫院接受診斷。

43

拖著腳走路

倉鼠拖著腳移動，未必單純是腳部受傷。
有時背後意外潛藏著疾病徵兆。

這些症狀要注意！

- ☐ 手腳痙攣
- ☐ 失去意識
- ☐ 走路搖晃
- ☐ 呼吸似乎很痛苦
- ☐ 手腳往奇怪的方向彎曲
- ☐ 手腳搖晃蹣跚

↓ 可能疾病

■ 癲癇發作 　　　　　》》》見P104

腦內神經細胞異常興奮，會反覆發作。主因應為遺傳性體質。症狀包括：手腳僵直、痙攣、繞圈旋轉等，特徵是會反覆發生。通常數分鐘便會停止，若持續30分鐘以上，或一天內發生多次，則必須前往醫院。治療方式是服用抗癲癇藥，但無法完全治癒。

預防法 未有特定的預防方式。記得將發作時的狀況記錄下來，以便正確診斷。

■ 中暑 　　　　　》》》見P106

因過熱而無法調節體溫，就是中暑。倉鼠原本就怕熱，再加上身體很小，當氣溫超過30℃，就會進入中暑的危險範圍。跟蹌行走、呼吸紊亂、身體濕潤，如果出現以上症狀，請用濕毛巾包覆身體等，協助倉鼠降低體溫，並補充水分，先做緊急處置再送醫。若出現脫水症狀，則必須打點滴。

預防法 可使用空調，讓室內溫度維持在26℃以下，濕度在60%以下。也要避免日光直射。

■ 骨折 　　　　　》》》見P108

拖著腳走路最常見的原因，就是骨折。走路方式怪異、手腳搖晃蹣跚或是朝著奇怪的方向，這些情形都有可能是骨折了。飼養環境是壓倒性的起因。倉鼠很不擅長從高處下來，尤應注意可能會從鼠籠2樓、滾輪上墜落。治療方式會依骨折狀態而異，主要會用石膏固定或是動手術。

倉鼠骨折時，醫院會用石膏固定骨頭。如果未做處置，骨頭可能會保持彎折的狀態而黏在一起。

預防法 打造不會受傷的飼養環境。避免2層高度的鼠籠，不要放置滾輪等。

【建議】

其他有可能導致倉鼠拖著腳走路的疾病，還包括了中耳炎、皮膚炎、腸阻塞、腫瘤等。此外，建議要用空調管控溫度、濕度。

第3章／疾病篇

倉鼠寶貝
容易罹患的疾病

倉鼠身體嬌小，有時一生了病，瞬間就會虛弱不已。為了守護心愛的倉鼠寶貝遠離疾病，早期發現、早期治療相當關鍵。請事先了解倉鼠容易罹患的疾病及其徵兆。別做外行的判斷，要儘早前往醫院。

本書的「治療」欄位，統整了醫院和醫療機構所會採取的基本處置方式，資訊僅作為參考之用，並未預設飼主必須自行處置，也無鼓勵或是指示之意圖。

白內障

徵兆與跡象
>>> 見P34

倉鼠的白內障幾乎都屬於老化現象。
就算無法痊癒，也不會直接致死，請幫倉鼠規劃便於生活的環境。

【症狀】

一般所說的「黑眼轉白」，就是白內障的跡象

- 眼球內部變得白濁。
- 產生大量眼屎。
- 眼睛漸漸無法看見。

Check!

調暗室內光線，
檢查白內障！

瞳孔在明亮的地方會縮小，看不見裡頭的水晶體。因此，即使倉鼠罹患了白內障，眼珠看起來也會是黑色的。身在暗處時瞳孔會擴張，較容易觀察裡頭的水晶體是否混濁。

【起因】

也可能出於遺傳或疾病，但幾乎都屬於老化現象

白內障有9成以上都是源自於老化。年紀超過1歲半的倉鼠，罹病機率就會變得相當高。但有時候也可能是遺傳、眼部外傷、糖尿病或內臟疾病所引起的併發症。必須按成因採取不同的處理方式。請帶到醫院確實接受診斷。

🐹【對策】

比起治療，打造便於生活的環境更重要

倉鼠很喜愛陰暗的場所，視力本來就不佳，向來是仰賴嗅覺和聽覺在過活。因此就算罹患白內障，生活上也不會過於不便，對壽命沒有直接的影響。

不過，由於眼睛無法視物，就更容易發生從鼠籠2樓墜落、因高低差而摔倒等意外事故。因此，請消除籠內的高低差，考量安全層面以防範未然。

此外在清理鼠籠時，放入還留有倉鼠氣味的物品也很重要。倉鼠相當依賴嗅覺，就算眼睛看不見，只要能聞到自己的味道就會安心。

Point

- 消除鼠籠內部的高低差。
- 用無高低差和縫隙的鼠籠來飼養會更放心。
- 打掃完畢後，放入還留有倉鼠氣味的墊材。

🐹【治療】

這種病基本上沒有治療法，請整頓環境好好照顧

倉鼠的眼睛太小，要執行外科手術極有難度。另外，若起因是老化，也無法採用投藥治療。此病並不會危及性命，因此請幫倉鼠規劃舒適的生活環境，放寬心守護倉鼠。

不過，若是因為糖尿病等所引起的併發症，則必須改善生活環境、投藥治療。

Point

- 如果是因老化引起，則無法治療。
- 也可能是其他疾病的併發症。
- 安排舒適的環境。

結膜炎、角膜炎

徵兆與跡象
>>> 見P34

水汪汪的大眼睛是倉鼠的魅力之一。
如果眼睛張不太開，說不定是生病了。

（症狀）

倉鼠做出許多「很在意眼睛」的舉動

- 大量出現眼屎或眼淚。
- 很在意眼睛，會搔抓等。
- 出血或眼瞼腫脹。

Check!

**請仔細觀察倉鼠。
或許可以早期發現**

　　倉鼠是會對異常部位相當在意的動物，若持續用心觀察，就能早期發現，接受適當的治療。此外，結膜發炎為結膜炎，角膜發炎則為角膜炎，兩者的症狀幾乎一樣。

（起因）

塵埃或細菌跑進眼睛裡，正是發炎的元凶！

　　假使未加清掃，鼠籠內就會累積塵埃和垃圾。當這些塵埃和垃圾跑進倉鼠的眼睛，或塵埃和垃圾上所滋生的細菌進入眼中，就會造成發炎。有時倉鼠會拿沾有自身尿液的手去摩擦眼睛，或是在理毛時弄傷眼睛。

　　此外，也有可能是倉鼠對鼠籠的墊材等物品產生了過敏反應。

☺【對策】

惡化前帶至醫院，維持籠內清潔

結膜炎、角膜炎經常會惡化，因此要儘早請醫師診斷。早期發現、早期治療是最大要點。

另外，鼠籠內的衛生環境，經常是疾病發生的源頭，因此要勤於清掃。在倉鼠顯現病症的期間，容易產生塵埃的便盆和廁砂都要拿掉。如果懷疑是過敏，也請移除可能的肇因物質。

不過，倉鼠的嗅覺相當敏銳。假使過度清掃，倉鼠發現自己的氣味完全消失，就會造成不安而產生壓力。留下一半的墊材，每隔一天打掃一次比較理想。

Point

- 在發病早期帶至醫院。
- 保持籠內清潔。
- 每隔一天打掃一次。

☺【治療】

基本治療方式是點眼藥水，滴得順暢有其訣竅

帶倉鼠赴院求診後，醫生會開抗生素、消炎藥等眼藥處方。倉鼠的眼睛很小，因此要先用正確的方式保定（編按：透過正確的姿勢，在不傷及動物的情況下箝制動物的行動，以利施加必要醫療行為等的技術），避免倉鼠移動，再點眼藥水（記得別握得太過用力）。眼睛周圍多餘的眼藥水，必須幫忙擦掉。如果發病原因是過敏，則必須去除肇因物質。用木片或報紙當墊材，有可能會引發過敏，請避免使用。較建議選擇市售的木漿材，或將廚房紙巾撕碎當成墊材。

Point

- 點含抗生素或消炎藥的眼藥水治療。
- 必須下點工夫，將眼藥水確實點進倉鼠的眼睛裡。
- 去除造成過敏的因素。

青光眼

徵兆與跡象
>>>見P34

所謂青光眼，是眼內液體成分水壓過高的疾病。
若病情惡化，必定會導致失明。

【症狀】

瞳孔可能過度擴張，或眼睛看起來變大

• 大量出現眼屎或眼淚。
• 很在意眼睛，會搔抓等。
• 出血或眼瞼腫脹。

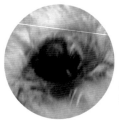

小心別讓倉鼠因打
架等弄傷眼睛。

Check!

青光眼有2種類型

　　青光眼分成有自覺症狀、無自覺症狀等2種情況。若沒有自覺症狀，飼主將難以察覺倉鼠發病。另一方面，若有自覺症狀，倉鼠的頭和眼睛會產生劇烈疼痛，食慾也可能會變差。

【起因】

起因常是眼球受傷，要多注意！

　　一般認為坎貝爾倉鼠較會罹患遺傳性青光眼，實際上青光眼的成因，大多都是眼球受傷後引起出血或是發炎所致。在這種情況之下，黑眼珠看起來會轉紅。眼球受傷的起因，多是倉鼠彼此打架，或是用長指甲搔抓眼球。

😿【對策】

請打造不容易使眼睛受傷的飼養環境

青光眼有一個很大的肇因，就是眼球受傷。多隻飼養容易打架，必須避免；包括維持籠內不易受傷的環境等，都是守護眼球健康的重要事項。

此外，在治療期間，容易產生塵埃的墊材和廁砂也都要避免使用。

若是遺傳因素導致發病，其後代也極有可能罹患青光眼，因此最好避免繁殖。

Point

- 避免多隻飼養。
- 在籠內打造不易受傷的環境。
- 若是遺傳性青光眼，請避免繁殖。

😿【治療】

青光眼無法治癒，治療目的是控制病情

因青光眼造成的視力損傷，永遠都無法復原。治療時僅能點降眼壓的眼藥水以控制病情。

如果藥品起不了作用，眼球將會漸漸外凸。倉鼠的眼睛很小，基本上也無法接受雷射治療，因此若演變至此，就只能動手術摘除眼球。

Point

- 透過點眼藥水降低眼壓。
- 演變成重症之後，必須接受眼球摘除手術。
- 視力不會復原。

眼球突出

沒有徵兆或跡象

咦，眼球往外凸出了！

這或許令人驚恐，但以倉鼠而言不算罕見。請冷靜以對。

【症狀】

瞳孔可能過度擴張，或眼睛看起來變大

- 眼球外凸。
- 眼球腫脹變形。
- 淚眼汪汪。

因眼窩膿瘍的二度傷害，導致眼球突出的案例。

Check!

簡言之即是眼球脫臼。身體構造上較易引發

倉鼠裝載眼球的骨窩（眼窩）非常淺，眼瞼也很薄，無法將眼球穩穩地固定。因此只要受到少許的衝擊或壓迫，眼球就可能從眼窩中突出。

【起因】

眼球承受衝擊或壓迫，有各種成因

從高處墜落、跟其他倉鼠打架，都會承受強烈的衝擊。此外，也可能是肥胖導致眼睛深處累積脂肪、因頭部腫瘤壓迫造成眼球外凸等；牙齦炎所累積的膿，也可能會壓迫眼球。

除此之外，身體在強烈壓力或長時間興奮的狀態下過度用力，也是眼球突出的肇因之一。

【對策】

所有可能因素都要避免發生！

眼球突出除了相當容易發生，諸如倉鼠因感到不適而將眼球弄掉、導致失明等，也常會加重病情。關鍵是必須營造不會造成眼球突出的飼養環境。避免多隻飼養，保持籠內的安全與衛生，不餵食高熱量的食物，口腔內部也要充分照料等。

如果上述各點都有做到，卻仍發生眼球突出，就要即刻送醫診斷。絕對不能因為倉鼠好像很痛，就硬是將眼球壓回！在赴院之前的緊急處理方式，建議用生理食鹽水點眼睛，避免眼球乾燥。

打架也是原因喔……

Point

- 消除導致眼球突出的因素。
- 飼主無法自行應對，請帶至醫院。
- 避免讓突出的眼球變得乾燥。

【治療】

使用抗生素與眼藥水，主流是在家中治療

由於患部在眼球，不太能進行手術。治療方式是在家中投以抗生素眼藥水，等待發炎痊癒。發炎痊癒後，眼球自然也會恢復原狀。不過，點眼藥水會使眼睛相當刺痛，飼主必須耐心處理。此外若有化膿，則可能得動手術排膿。

如果眼球過度突出、乾涸，就必須接受眼球摘除手術。

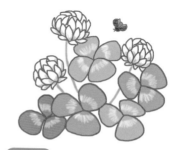

Point

- 投以抗生素眼藥水。
- 可能必須切開排膿。
- 病情嚴重時，須接受眼球摘除手術。

麥氏腺腫、霰粒腫

徵兆與跡象
>>> 見P34

麥氏腺腫＝霰粒腫，也就是一般所說的「針眼」。
倉鼠大大的瞳眸非常可愛，但也因此容易生病。

【症狀】

眼瞼腫脹或黏著，就是疾病徵兆

- 眼瞼腫脹，有眼屎。
- 眼睛黏著難以張開。
- 眼眶上「長疙瘩」。

Check!

眼瞼內側有白色痘痘狀物體

當位於眼瞼內側的麥氏腺被脂肪堵塞，分泌物就會累積。麥氏腺雖可能產生腫塊，但若症狀輕微，也可能自然痊癒。「麥粒腫」是針眼的一種，差異在於成因是細菌感染。

【起因】

麥氏腺遭脂肪堵塞，跟體質有關

麥氏腺是產生眼淚油脂層的分泌腺。麥氏腺腫是因該部位遭脂肪阻塞所引起。好發於有肥胖跡象的倉鼠，食用過多高熱量的飼料是一大肇因。而由於此病跟體質有關，多半會復發。

☺【對策】

改善高熱量的餐食，以及清掃鼠籠

　　高熱量的食物經常是腺體阻塞的肇因，因此請改採低熱量的餐點，解決倉鼠的肥胖問題很重要。此外，若病情加重也可能造成失明，請儘早接受醫師診治。

　　為避免病況惡化，請保持籠內的清潔。弄髒的便盆和浴砂，大約每隔2天就要清理一次。

Point

- 改採低熱量的餐食內容。
- 儘早接受診治！
- 將籠內打掃乾淨。

☺【治療】

使用抗生素、眼藥水，若無效則須切開去除

　　如果症狀輕微，首先會使用抗生素眼藥水來抑制發炎。假使效果不彰，則必須切開排除分泌物（若腫脹過大，也可能一開始就必須切開）。

Point

- 點抗生素眼藥水，觀察情況。
- 也可能需要切開排除分泌物。
- 若症狀嚴重的話，最初就必須接受切開手術。

中耳炎、內耳炎

徵兆與跡象
>>>見P35

走路搖搖晃晃、拖著腳走路、繞圈圈。
上述情況，意外地可能是由耳部疾病所引發。

【症狀】

病情影響三半規管，導致失去平衡感

- 搖搖晃晃、拖著腳走路。
- 追著自己的尾巴繞圈圈。
- 耳朵流膿、發臭。

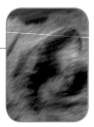

Check!

當病情加重，
可能引發斜頸！

由於耳朵內積膿，可能會產生膿臭味，或有膿從耳朵流出。當膿擴張至三半規管，即會導致平衡感失常，因此倉鼠走路時會搖搖晃晃、歪向一邊，或追著自己的尾巴繞圈子。

【起因】

由細菌感染所引發

中耳炎、內耳炎是因細菌感染導致積膿的疾病。應是傷口感染、環境不衛生所致。外耳炎若置之不理，大多會發展成中耳炎、內耳炎，因此請多注意。

此外，在清潔耳朵時不小心造成受傷，也可能引發感染。

倉鼠感冒之後免疫力低下，會更容易受到細菌感染；壓力過大的飼養環境也是相同道理。

🐹【對策】

打造細菌難以繁殖的飼養環境

這是細菌感染所引發的疾病，因此必須抑制細菌滋生。

具體的處理方式是勤於打掃，保持飼養環境的清潔。不過若清掃過度，有可能會造成倉鼠的不安。廁砂每天都要換新，但墊材約2天換一次就夠了。

不讓倉鼠受傷也很重要。除此之外，感冒後免疫力會變差，更容易受到細菌感染，因此也要留意別讓倉鼠感冒。

Point

- 保持飼養環境的清潔。
- 別讓倉鼠感冒！
- 謹慎處理傷口和外耳炎。

🐹【治療】

投以抗生素

飼主在自己家中所能做的，頂多是提供高營養價值的食物。請儘早帶倉鼠前往醫院治療。主要的治療方式是服用抗生素。若發炎過於嚴重，則可能必須切開排膿。

Point

- 服用抗生素。
- 可能必須切開排膿。
- 提供高營養價值的食物。

外耳炎

徵兆與跡象
>>>見P35

外耳炎可謂倉鼠最容易染上的耳部疾病。

強烈發癢，倉鼠也非常痛苦。

🐹【症狀】

癢到不行！倉鼠會頻繁搔抓耳部

- 發癢導致倉鼠一直抓耳朵。
- 散發膿臭味。
- 耳朵周圍掉毛或出血。

在惡化到這種程度之前就必須好好處理。

💡Check!

**病情加重
會導致食慾不振**

當倉鼠頻頻做出在意耳朵的舉止，就要懷疑可能是外耳炎。倉鼠會搔抓耳部，撓抓過度將會導致耳朵周圍掉毛，或是受傷出血。若伴隨著疼痛，也會使食慾變差。脖子後方也可能會腫起。

🐹【起因】

這是外耳發炎的疾病

外耳因為細菌感染導致發炎，主要的感染原因包括從傷口感染、因環境不衛生而感染。較為常見的起因，則是耳垢累積後細菌繁殖而引發感染；若飼主幫倉鼠掏耳朵導致受傷，傷口也是感染的原因之一。想替倉鼠清理耳朵，請委由醫院執行。

另外，當倉鼠步入高齡，或因感冒等體況不佳、免疫力變差，就會很容易受到細菌感染。

🐹【對策】
打造不會受到細菌感染的環境

　　請保持乾淨的飼養環境，例如容易滋生細菌的廁砂，必須每天更換。清理外耳以避免耳垢累積，雖然也是一種方法，但是倉鼠的耳朵很小，反倒有極高的危險性會導致受傷，較建議定期前往醫院清理耳垢。消除籠內的高低差等，打造不會受傷的環境也十分重要。

　　此外也要適切地管理濕度、溫度，減少倉鼠的壓力。

　　外耳炎如果未加處置，多半會加重發展成中耳炎、內耳炎，因此必須認真治療。

Point

- 每天打掃便盆。
- 要請醫院協助清理耳朵。
- 減少壓力以防免疫力下降。

🐹【治療】
投以抗生素和耳滴劑

　　當發現倉鼠相當在意耳朵時，就要儘早前往醫院。只要清理耳朵，並配合症狀使用抗生素、耳滴劑等，就能夠復原。若膿一路發展至眼睛和鼻子，就會很難完全康復。在外耳炎的影響下，如脖子後側有液體累積，就必須排出。

Point

- 透過抗生素和耳滴劑來抑制發炎。
- 耳朵也必須清潔乾淨。
- 依症狀、年齡，有可能無法完全復原。

咬合不正

徵兆與跡象
>>> 見P36

咬合不正是指牙齒無法順利咬合。倉鼠的門牙終生都會持續生長。
倘若出現咬合困難就會無法磨牙，導致牙齒一路變長……！

【症狀】

嘴巴閉不起來，狀似難以進食

- 門牙變長，左右長度不同。
- 嘴巴閉不起來，流口水、出血。
- 無法吃堅硬的食物。

Check!

當咬合不正加重，可能會有生命危險！

倉鼠的門牙會不斷生長。咬合不正若未妥善處理，牙齒不斷生長便會形成過長牙，或因變長而弄傷牙齦，引發牙周病。若牙齒在牙肉附近斷裂，可能發炎而引起呼吸困難、無法進食，還有營養失調之虞。

【起因】

過度啃咬鼠籠是一大肇因

咬合不正可能起因於遺傳、天生齒列不正，但多半仍是倉鼠在啃咬鼠籠鐵絲網的過程中，引發牙齒歪曲、斷裂所致。

此外，如果盡是餵食柔軟的食物，牙齒無以磨損，也會導致過度生長。

🐹【對策】

平時的口腔內部檢查很重要

啃咬鼠籠的鐵絲網，是咬合不正的一大因素。倉鼠啃咬籠網的動機，是因為牙齒在持續生長，但壓力才是更大的要因。請充分掌握倉鼠的行為模式，包括鼠籠的尺寸是否適當、能否滿足倉鼠的散步需求等。除此之外，請為倉鼠提供堅硬的食物和啃木，用心打造隨時都能磨牙的環境。將鐵絲網型的鼠籠改換成塑膠製品，也有不錯的效果(參照P18)。

Point

• 打造可以磨牙的環境。
• 將鼠籠換成塑膠製品。
• 提供堅硬的食物。
• 勤於確認口腔內部！

🐹【治療】

長得太長的牙齒，須請醫院協助截短

牙齒不斷生長是問題所在，治療方式基本上就是剪牙。由於飼主無法自行處理，因此請帶至醫院。必要時可能需要麻醉。一旦發生過咬合不正，通常就必須定期剪牙。頻率約每3～4週一次。若倉鼠因發炎而無法順利進食，請提供弄碎的顆粒飼料或柔軟的食物。

Point

• 請醫院協助剪牙。
• 如須定期剪牙，頻率每3～4週一次。
• 在牙齒得以順利生長之前，先提供柔軟的食物。

Animal Hospital

蛀牙、牙周病

徵兆與跡象
>>>見P36

大大的門牙是倉鼠的魅力之處。

不過，牙齒疾病有時可能危及性命。日常照護和定期健檢相當重要。

【症狀】

口腔內部很難看清楚，發現時可能已是重症

- 食慾不振、口臭。
- 流口水或牙齦出血。
- 臉部腫脹，眼球也可能突出。

牙齒不適，可能成為
各種疾病的起因。

Check!

**比蛀牙還恐怖!?
何謂牙周病**

倉鼠雖然小小一隻，牙根卻埋得很深，一路延伸到眼睛附近。因此若對牙周病置之不理，恐怕會引發內耳炎、中耳炎、外耳炎、眼球發炎、腦炎、下顎腫瘤等其他疾病。

【起因】

甜食要小心！也要留意細菌感染

倉鼠蛀牙的原因跟人類相同，都是過量攝取碳水化合物或甜食所致。牙周病是由蛀牙、受傷的牙齦遭細菌感染所引發。倉鼠很喜歡啃咬堅硬的物體，啃咬鼠籠的鐵絲網、堅硬的玩具，常會造成牙齦受傷。

🐹【對策】

一旦發現異樣，立即請醫師診斷

飼主無法替倉鼠的口腔內部做任何緊急處置。在症狀惡化之前，就必須帶至醫院。飼主所能採行的每日對策，就是不過量餵食甜食。人類的甜食請絕對不要拿給倉鼠吃。運動飲料同樣是造成蛀牙的一大因素，請務必避免。此外，為了防止倉鼠的牙齦受傷，將鐵絲籠換成塑膠製品、避免提供堅硬的玩具，都很重要。從平時就要定期接受口腔內部的健康檢查。

Point

* 儘早接受診斷，以防惡化。
* 減少甜食。
* 避免會弄傷口腔內部的物品。

🐹【治療】

以抗生素投藥治療，或可能需要外科治療

若症狀輕微，可用抗生素來抑制發炎。當牙齦積膿，則須切開排膿。或有可能需要拔牙。

如果病症不斷加重，連眼睛深處都有積膿的情形，就必須先摘除眼球再排膿；惡化到這種程度的話，治療將有相當難度。

Point

* 如果症狀輕微，則投以抗生素。
* 牙齦有膿，須切開去除。
* 眼球深處有膿，須摘除眼球後去除。

頰囊脫垂

徵兆與跡象
>>>見P37

倉鼠的頰囊裡裝滿了食物！這種模樣實在惹人疼愛。
不過，頰囊其實很容易引發問題。

【症狀】

粉紅色的頰囊從口中跑出！

• 頰囊掉至嘴巴外。
• 倉鼠因太在意而啃咬頰囊等。
• 啃咬的位置可能會發炎。

一旦發病，多半會再次
復發。

Check!

多為突然發病

倉鼠在日常生活中會使用頰囊來搬運食物和墊材。頰囊脫垂的情形，經常都是突然發生的。從口中掉出來的頰囊相當大，倉鼠會因為在意而去拉扯、按壓。這會造成頰囊受傷，發炎後也可能會惡化。

【起因】

因頰囊黏膜發炎所致

此病的起因是頰囊的黏膜發炎後腫脹。可以分成由腫瘤或感染所引起的發炎，以及因攝取食物所引起的發炎這2種。當黏稠的食物、會在口中溶化的食物被放進頰囊，就會黏在頰囊內側的黏膜導致無法取出。倉鼠如果想自行取出，而數度將手插入臉頰內，就可能導致頰囊脫垂。

🐹【對策】

用棉花棒壓回也是一種方法，但基本上都必須帶至醫院

如果是輕度的頰囊脫垂，飼主可以拿沾濕的棉花棒自行將頰囊推回倉鼠口中，這也是一種方法。不過，外行人執行起來會很緊張，不太容易辦到，而這也會對倉鼠造成壓力。最好的做法仍是帶至醫院。

在日常生活中，要盡量避免供應會引起發炎的食物。

Point

- 請醫院協助處理會更安心。
- 不提供容易導致發炎的食物。

🐹【治療】

內科治療不會奏效，最佳處置是切除

如果症狀輕微，尚有辦法將頰囊放回口中，但此症狀會多次復發，因此放回口中之後，必須要將頰囊固定在臉頰上，以防再次脫垂。假使仍舊復發，就必須切除。頰囊脫垂是很容易從外觀判斷的疾病，請盡快帶至醫院。

Point

- 將頰囊放回口中並固定。
- 若再次脫垂，全身麻醉後切除，是最確實的處置方式。

頰囊膿瘍

徵兆與跡象
>>> 見P37

倉鼠會將食物塞進頰囊裡。據說頰囊可以膨脹到身體的1/3大小，相當驚人！
但不論多大，若頰囊維持膨脹狀態，就有可能是生病了。

【症狀】

頰囊一直處於膨脹狀態，有沒有出現奇怪的臭味？

- 頰囊脹大。
- 口中飄出惡臭。
- 摸起來的觸感跟食物不太一樣。

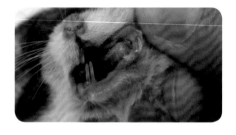

Check!

頰囊容易受傷
要多注意

　　倉鼠經常會用頰囊來搬運食物、墊材等，所以頰囊很容易受傷。發炎將導致頰囊腫脹、積膿，因而飄出令人不舒服的臭味。也有可能會引發眼屎等眼部症狀。

【起因】

頰囊受傷後遭細菌感染所致

　　倉鼠將前端尖銳的飼料、墊材等物品放在口中的期間，經常會弄傷頰囊。傷口遭細菌感染後引起發炎，是此病最常見的起因。

　　倉鼠若有壓力，免疫力會變差，感染機率就會提高。此外，黏稠、會在口中溶化的飼料、刺激性強烈的食物都要避免。食物殘留後腐壞就會引起發炎，導致膿瘍。

對策

多留意食物，避免弄傷頰囊

尖銳的食物、可能弄傷頰囊的墊材都要避免。具有黏性的食物、會在口中溶化的食物、刺激性較強的食物，若殘留於口中，腐壞後可能會引起發炎。生食也會腐壞，請小心以對。

此外，為了避免造成免疫力下降，必須維持適切的濕度和溫度，提供舒適的飼養環境，避免帶給倉鼠壓力。

Point

- 避免尖銳的食物和墊材。
- 不提供容易在嘴巴裡腐壞的食物。
- 避免帶給倉鼠壓力。

治療

請馬上帶至醫院！切開後排膿

飼主在家中無法自行應對，請儘早帶至醫院。使用抗生素的內科治療雖然可行，但光靠這樣無法完全康復。到頭來可能仍須切開後排膿、消毒。如果做到這一步還是好不了，就必須摘除患有膿瘍的頰囊。

此外，頰囊腫脹會導致牙齒難以咬合，有可能需要剪牙。

Point

- 飼主無法自行處理。
- 投以抗生素。
- 切開後排膿。也可能必須摘除頰囊。

頰囊腫瘤

徵兆與跡象
>>> 見P37

倉鼠年過1歲後即是「高齡」。
腫瘤並不是罕見的疾病。此病即是頰囊中長出了腫塊。

【症狀】

頰囊一直處於脹大的狀態，甚至出現眼屎

- 頰囊腫脹。
- 食慾漸漸變差。
- 出現眼屎，變得淚眼汪汪。

長腫瘤後，就無法再將
食物儲存在頰囊中。

Check!
當倉鼠進食時不使用頰囊
就必須多多注意

　　無論頰囊的內側或是外側都會長腫瘤，有時也會長在頰囊旁。特徵是會出現眼屎、淚眼汪汪等眼部症狀。由於無法使用頰囊，倉鼠將無法儲藏食物，也會漸漸失去食慾。

【起因】

倉鼠很容易長出腫瘤

　　當頰囊中存放了太多食物，有時會引發頰囊堵塞。倉鼠容易長腫瘤，位置不限於頰囊，箇中原因並不明朗。腫瘤的生成會受遺傳等體質因素、飼養環境影響。此外，由於在高齡倉鼠的身上相當常見，因此也被視為老化現象的一種。

🐹【對策】

盡全力早期發現！

　　既然腫瘤的起因不詳，我們在現況下也就無法採取任何對策。飼主所能做的，是從平時就用低壓力的舒適環境來飼養倉鼠，並且仔細觀察倉鼠的體況，以期早期察覺異常情形。

> **Point**
>
> • 舒適的飼養環境。
> • 勤於觀察倉鼠的體況。
> • 早期發現後帶至醫院。
> • 每天都要觸碰倉鼠的身體，檢查是否有硬塊。

🐹【治療】

接受腫瘤摘除手術，或投以抗癌藥等

　　一旦發展成頰囊腫瘤，飼主已無法做任何努力。要儘早前往醫院。

　　想要完全治癒的話，只能透過手術摘除腫瘤。不過，若倉鼠已屆高齡，或因病情發展導致體力不佳，預估恐怕有大量出血等情況，則要避免手術。此時所能做的，僅有投以抗癌藥、止痛消炎藥等內科治療。

> **Point**
>
> • 飼主無法自行處置。
> • 投以抗生素。
> • 腫瘤摘除手術。

皮膚炎（過敏性）

徵兆與跡象
>>>見P39

看起來很癢又掉毛的過敏性皮膚炎，
是倉鼠的皮膚炎中較為常見的疾病。

倉鼠好像很癢！腹部的毛也漸漸變稀疏了嗎？

- 眼睛、耳朵等處紅紅的。
- 腹部和胸部掉毛。
- 倉鼠覺得癢而搔抓身體。

Check!

**接觸到過敏原的部位
會起反應**

倉鼠經常因墊材等物品引發過敏反應，接觸到的腹部和胸部皮膚會轉紅。若情況加劇，倉鼠隨時隨地都會一直搔抓皮膚，因而產生傷口。有時也會打噴嚏或流鼻水。

有可能出於遺傳，但最常見的原因是墊材

墊材和巢箱的材質，是過敏性皮膚炎最常見的起因。蕨類、松類等木材類的墊材和巢箱，似乎較容易引發過敏。

另外，如果提供各式各樣的食物，當倉鼠吃到跟體質不合的東西，就可能會引發過敏。飼主在抽的香菸、香水、頭髮，其他還包括髮蠟，都可能是原因所在！

【對策】

排除過敏原是必要之舉

想要抑制過敏症狀，就必須去除飼養環境中的過敏因子。如果問題出在墊材和巢箱的材質，則須更換成其他類型。墊材建議使用紙類，例如撕碎的廚房紙巾就是很好的選擇。紙不容易引起過敏，也不會產生塵埃。巢箱可選擇陶瓷製品，也可以使用空紙箱。

此外，若對食物過敏，就要去除食物裡的過敏原。有報告指出，患有過敏性皮膚炎的倉鼠常有肥胖傾向。記得要重新審視倉鼠的生活環境。

Point

- 改用廚房紙巾等紙類作為墊材。
- 使用陶瓷製巢箱，空紙箱也可以。
- 飲食生活也要重新審視。
- 報紙等再生紙都要避免。

【治療】

主要是投以抗生素

想要達成妥善的治療，就必須找出引發皮膚炎的原因和過敏起因。墊材與巢箱的材質、打掃的週期、飲食生活等，都要詳盡地告知醫師。

主要的治療方式是投以抗生素，並排除造成過敏的物質。

基本上並不會開藥膏治療。倉鼠是會理毛的動物，因此會很在意身上的藥膏，

進而自行舔掉。

Point

- 以抗生素進行內科治療。
- 排除過敏物質。
- 向醫師精確告知飼養環境的情況。

皮膚炎（感染性）

徵兆與跡象
>>>見P39

這是因細菌或黴菌感染所導致的皮膚炎。
搔癢、掉毛等，皮膚發炎後幾乎都會轉紅。

腋下、腿根，容易發生在皮膚疊合處

- 皮膚潰爛或發紅。
- 掉毛。
- 皮膚搔癢或疼痛。

為避免感染其他倉鼠，
接觸過後要記得洗手。

Check!

掉毛且皮膚轉紅

當倉鼠頻繁做出很在意皮膚的舉動時，要仔細看看是否有發現皮膚變紅、掉毛等情形呢？有時還會出現皮屑狀的物體。如果置之不理，有可能會越來越大片。

免疫力低下、受傷。飼養環境相當重要！

　　當倉鼠的免疫力低下，體力就會減弱，無法擊退細菌和黴菌。倉鼠是喜愛低濕氣、不過熱、不過冷、清潔環境的生物。當濕氣過重、非適溫、環境不衛生，若以這樣的條件飼養，倉鼠將會備感壓力，導致免疫力低下。請重新檢視飼養環境。

　　此外，若受傷後有傷口，該處將容易受到細菌或黴菌感染，引發皮膚炎。

【對策】

確實管理濕度、溫度、衛生環境

倉鼠對濕氣的敏感程度，遠超乎人類所想。記得要多費心，將鼠籠放在通風良好的位置，墊材也要選擇吸濕性較強的類型，建議使用廚房紙巾或木漿材。適宜的生活溫度為20～26℃。到了晚上房間仍舊很亮，也是造成壓力的一大要因。

在患有皮膚炎的期間，請盡量每天都要打掃。倉鼠碰觸過的部分，最好都要視為已經受到汙染。飼料也要每天更換。

此外，打造不容易受傷的飼養環境也很重要。

Point

* 管控濕度、溫度。
* 勤於打掃。
* 打造不會受傷的環境。

【治療】

將改善飼養環境放第一，按症狀施以抗生素

諸如衛生管控等，光是著手改善飼養環境，病情就能好轉。相反的，若飼養環境不妥當，就算用藥改善了症狀，還是可能一再復發。在多次復發的過程中，恐怕會發展成難治型皮膚炎。若倉鼠有強烈搔癢、抓破皮膚等情形，將會投以抗生素。

依症狀不同，也可能使用消炎藥。

跟過敏性皮膚炎一樣，由於倉鼠可能會去舔舐，基本上不會使用藥膏。

Point

* 改善飼養環境。
* 依症狀投以抗生素或消炎藥。
* 不使用藥膏。

糖尿病

徵兆與跡象
>>> 見P40

以人類而言，糖尿病是生活習慣所導致的疾病。對於倉鼠來說，也可分為因遺傳導致的第一型糖尿病，以及因飲食等生活習慣所引發的第二型糖尿病。

小便增量要注意！

- 水分攝取量、食慾、尿量增加。
- 尿的氣味甜甜的。
- 體重減少，精神變差。
- 出現糖尿病所引起的併發症。

如果倉鼠比平時還要大量喝水，就要懷疑是糖尿病。

別因喝多尿多就判斷患病

罹病初期食慾會增加，水分攝取量也會變多；排尿量增加，將容易引發脫水症狀。最後會導致體力下降、食慾變差、體重減少、倦怠感等。不過，喝多尿多也有可能是其他疾病，請赴院接受確實的診療。

血液中的血糖值上升會演變成糖尿病

糖尿病可以分成天生缺乏胰島素荷爾蒙的第一型糖尿病，以及因攝取大量糖分等生活習慣導致胰島素無法發揮作用的第二型糖尿病。

這2種類型演變到最後，都會無法再將糖轉化成能量來使用。

✖

第一型和第二型的處置方式不同，須適切因應

若是遺傳導致的第一型糖尿病，主要是按照醫生指示投藥治療，但要完全治癒相當困難。

由飲食生活所引起的第二型糖尿病，主要會著眼於消除運動不足、改善飲食生活。

盡可能別餵高糖分的點心和水果，餐點要注重高蛋白和低熱量。含大量纖維的葉菜類可以防止血糖值上升。

倉鼠會大量喝水，勤於備妥新鮮的水也很重要。

Point

- 第一型糖尿病難以完全治癒。
- 用心準備高蛋白、低熱量的餐點，也別忘了葉菜類。
- 常備新鮮的水。
- 少吃點心。

改善飲食生活是治療主力

倉鼠不同於人類，無法施打胰島素，因此第一型糖尿病並不具有效的治療方法。至於由營養失衡所引發的第二型糖尿病，透過改善飲食生活、投以中藥，則有可能改善。

此時倉鼠的水分攝取量會增加，因此要頻繁換水。尿量也會變多，因此要常保籠內清潔，防止細菌感染。

糖尿病必須透過血液檢查來診斷。用來當檢體的尿液，必須

在當天採集。請將倉鼠移進小型塑膠盒裡，等排尿後就用針筒吸取，裝入小容器內帶至醫院。

Point

- 第一型不具有效的治療方法。
- 第二型主要採飲食療法及投以中藥。
- 尿液檢查的檢體須在當天採集。

脂肪肝、肝炎、肝硬化、肝細胞癌

徵兆與跡象 >>>見P40

沒有食慾，開始有點變瘦⋯⋯。
當出現這類全身症狀時，就要懷疑是肝病，儘早前往醫院。

🐹【症狀】

好像沒什麼精神、是不是有點瘦了？請注意！

- 食慾不振、體重下降。
- 腹瀉。
- 排出血尿。

要少吃一點高熱量的食物喔。

🔍Check!

肝病是難以察覺的疾病

食慾逐漸變差、體重減少、沒有精神、腹瀉、排出血尿，肝病雖有各式各樣的症狀，但若未接受超音波檢查或X光檢查就無法發現。正因難以察覺，日常照料更應謹慎以對。

🐹【起因】

多半是由肥胖等飲食生活習慣所引發

遺傳性體質也是可能的成因，但大多皆是飲食生活出了問題。如果老是讓倉鼠吃高熱量食物，倉鼠的肝臟就會變成脂肪肝！因細菌或是病毒感染所引發的肝炎也一樣，當飲食內容、飼養環境造成壓力累積、免疫力下降，就更容易感染。

堅果類是倉鼠超愛的食物，不過熱量很高，必須少吃。請改換成低熱量的食物。

高熱量

【對策】

重新審視飲食生活非常重要！

下巴、腋下、腹部是不是長太多肥肉了呢？這些部位如果長了肉，可說就是有肥胖傾向。改善高熱量的餐食內容，換成低熱量的食物吧。

Point

- 改餵低熱量的食物、點心。
- 保持籠內清潔，盡量不製造壓力。
- 檢查肥胖程度時，要看下巴、腋下、腹部！

【治療】

無法動手術；整頓環境、守護倉鼠是最佳做法

幾乎沒有哪一種治療方法，能讓倉鼠的肝病和肝機能完全康復。最佳做法是重新審視飲食生活和衛生環境，阻止病情加深，一面等待狀態好轉。

投以抗生素也是一個選項，但畢竟是肝病，有可能會因無法代謝藥劑而引發中毒症狀。建議前往熟悉倉鼠的醫院接受治療。

Point

- 視情形投以抗生素等。
- 重新審視飲食生活。
- 保持籠內清潔。

肝囊腫

徵兆與跡象
>>> 見P40

倉鼠的腹部鼓鼓的,好像很痛苦!
皮膚顏色看起來是否黑黑的呢?這或許是腹部有液體累積的肝囊腫。

【症狀】

並不肥胖,肚子卻腫大起來

* 腹部腫大。
* 食慾不振。
* 喝多尿多。

腹部長出的囊腫
會壓迫內臟

　　如果飲食生活明明沒什麼改變,倉鼠的肚子卻腫了起來,有可能就是得了此病。這是肚子裡長出囊腫(充滿液體的囊狀結構)的疾病。若囊腫變大,就會造成食慾不振、喝多尿多、消化不良等症狀。

【起因】

與年齡有關,少見於年輕倉鼠

　　人類世界有個詞叫做「成人病」,這裡所說的肝囊腫,正是高齡倉鼠好發的疾病。倉鼠的囊腫本身往往沒有病原性,但變大後將會壓迫腸子等其他臟器,令倉鼠感到很痛苦。有時也與腫瘤有關。

在家中幾乎無計可施，交給醫院處理吧

這是由年齡、體質等因素引起的疾病，因此很遺憾，飼主在家中無法自行做任何處置。倉鼠的身體很小，病情馬上就會加重，在發展成重症之前，先帶去醫院吧。

Point

- 在家中無法自行處置。
- 發現腹部腫脹時，請即刻前往醫院。
- 平時就要充分觀察倉鼠的狀態。

光是排液，仍會反覆發作

一般經常會採取用針抽吸腹部積液的方式，但光是這樣處理，液體仍會再次累積，接著就必須再次用針抽吸，只是從頭來過一次罷了。最後只有開腹手術一途。

倉鼠的身體很小，要動手術或許會令飼主很猶豫，但若體力仍然足夠，無論麻醉或開腹手術，倉鼠其實都能承受。在囊腫變得太大、無法摘除之前，就要前往醫院！

Point

- 用針刺入腹部，排除液體。
- 開腹排除液體，切除水囊腫壁。
- 手術會以半導體雷射進行。

心臟病

徵兆與跡象
>>>見P40

呼吸聲比從前大聲？好像有點痛苦？
若倉鼠出現這些症狀，請馬上前往醫院。

 【症狀】

呼吸異常、漸漸浮腫

• 呼吸聲變大、呼吸似乎很痛苦。

• 食慾不振。

• 因浮腫而看似變胖。

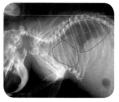
須透過X光檢查才能正確診斷。

Check!
採腹式呼吸
腹部大幅活動

　　若心臟肥大，循環血液量變少，就會引發肺水腫等，使呼吸變得很痛苦。體溫、食慾皆會低下。此外，由於血流不順暢，也會產生浮腫。

 【起因】

要注意高齡和肥胖！

　　罹患心臟疾病的倉鼠都相對高齡。起因是心臟機能逐漸老化。此外，肥胖的倉鼠往往都有高血壓，會對心臟造成負荷。倉鼠最愛吃的堅果類等高熱量食物，正是招致高血壓、肥胖的最大要因！

　　另外則與其他因素，以及遺傳性體質有關係。

以飲食療法改善肥胖

　　因為高齡所造成的心臟機能低下，可說是無法避免。不過，好好控制平時的飲食生活，防止肥胖或高血壓，仍然能降低罹病的可能。

　　說到倉鼠就會聯想到葵花子，倉鼠就是這麼愛吃堅果類，不過這些東西的熱量高，會誘發肥胖，請注意別餵太多。餐點基本上包括適量的倉鼠專用顆粒飼料、生菜和水，至於堅果類和甘甜的水果，則每週約餵一次就好。

Point

- 減少高熱量食物。
- 基本上只餵水、倉鼠食品。
- 減少零食。

以內服藥緩和症狀

　　心臟病難以根治，治療只能緩和痛苦症狀，減緩病情發展速度。為了減少心臟的負擔，會使用強心劑、血管擴張劑；若伴隨著肺水腫，則會使用利尿劑。

　　飼主在家中所能做的，是將溫度提升至比平時高。倉鼠會喪失食慾，因此請餵食牛奶等高營養價值的食物。另外，為免造成心臟負擔，要盡量少運動。

Point

- 無法治癒。
- 以強心劑、利尿劑緩和症狀。
- 減少運動，提供牛奶等。

細菌性呼吸道感染症、肺炎

徵兆與跡象
>>>見P38

倉鼠打噴嚏很難發現。正因如此，
若覺得好像有點沒精神，就要帶至醫院。此病在初期尚有可能治癒。

 【症狀】

從平時就要留意倉鼠的呼吸聲

- 打噴嚏、流鼻水。
- 呼吸聲異常、貌似痛苦。
- 有眼屎。

由於容易惡化，
若發現倉鼠打噴嚏，
就要儘早前往醫院。

Check!

打噴嚏是這種聲音？
「ㄍㄟ、ㄍㄟ」、「ㄎ、ㄎ」

倉鼠不太會打噴嚏，呼吸困難也一樣，在能靠肉眼清楚辨識之前，都很難察覺。因此呼吸系統疾病很容易演變成重症。倉鼠的身體很小，病情進程也很快速，因此從平時就要細心觀察，才能早期發現。

 【起因】

幾乎都是遭到細菌或病毒感染

主要成因諸如巴斯德桿菌、鏈球菌等細菌，以及流行性感冒等病毒。巴斯德桿菌是健康倉鼠也有的細菌，當倉鼠承受壓力時就可能會發病。鏈球菌是遭人類傳染而得。流行性感冒也可能被人傳染，或是被其他倉鼠傳染。

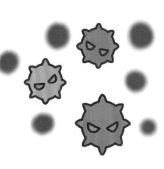

【對策】

讓籠內通風、進行清掃；觸碰倉鼠前別忘了先洗手

不論細菌或病毒，避免讓倉鼠遭受感染最為重要。飼主在接觸倉鼠前必須先洗手，以防傳染感冒或流感；當有其他倉鼠感染流感時也要留意，必須隔離飼養。為避免倉鼠受到感染，保持籠內通風和清潔也很重要。

此外，倉鼠不耐寒冷，難以應付急遽的溫度變化。請適切管控溫度，避免帶給倉鼠壓力。

Point

- 在觸摸倉鼠之前要先洗手！
- 籠內要通風、注重衛生。營造適切的生活環境。
- 管控溫度，防止急遽的溫度變化造成壓力。

【治療】

儘早投藥治療，以免無法挽回

治療方式是投以抗生素、消炎藥，如果有呼吸困難的情況則必須緊急吸氧。假使已演變成重症，前往醫院、接受治療的過程本身就會形成壓力，可能進一步導致惡化。

此病如果狀況輕微，尚有可能治癒。早期發現、早期治療是最大關鍵。

Point

- 投以抗生素和消炎藥。
- 若呼吸困難，可能需要吸氧。
- 儘早治療重於一切！

感冒

徵兆與跡象
>>> 見P38

換季時如果覺得倉鼠好像有點懶洋洋的，說不定就是感冒了。
起因和症狀，都跟人類非常類似。

 【症狀】

打噴嚏、鼻塞；倉鼠難以抵禦急遽的溫度變化

- 打噴嚏。
- 流鼻水，掛在鼻子下方。
- 沒有食慾。

要儘早處理，以免重症化後發展成肺炎等。

 Check!

季節變遷時要多注意

倉鼠的感冒症狀跟人類很像。不過倉鼠的身體很小，若感冒後放著不管，將可能會逐漸惡化。尤其如果有黃色鼻涕，更必須即刻前往醫院。說不定已經發展成肺炎了。

 【起因】

細菌、病毒，感染途徑百百種

鼠籠內是否不夠衛生呢？衛生狀況不佳的鼠籠，將成為各種細菌和病毒的溫床！倉鼠常會被其他倉鼠傳染感冒，因此若多隻飼養，一定要留意。若是細菌引發的感冒，也可能是被人類傳染而得。

倉鼠難以承受急遽的溫度變化，尤其不耐寒冷。對倉鼠而言，適宜溫度大約為20～26℃。若壓力導致免疫力低下，很輕易就會感冒。記得要維持適當的飼養環境。

Point

- 鼠籠的衛生環境不佳。
- 被其他倉鼠或人類傳染。
- 急遽的溫度變化、不適宜的溫度。

清潔的環境；將溫度調得比平時溫暖一些

健康的倉鼠會不斷進食以維持體溫。感冒後食慾、新陳代謝都會變差，變得較難維持體溫。為了避免倉鼠體溫降低，請將室溫保持在略高的24～27℃左右。

用乾淨的環境來飼養也很重要。排泄物經常都混有感冒的病菌，因此廁砂必須每天清理。

若倉鼠有食慾，可將青花菜等富含維生素的蔬菜煮熟後餵食。也很建議提供水果，但吃太多會腹瀉，適量就好。為了避免出現脫水症狀，就算倉鼠沒有食慾，至少必須供應充足的水分。

Point

- 更換廁砂等，維持清潔的環境。
- 將溫度調得比平時稍高一些。
- 提供具有豐富維生素的食物。

一般會投以抗生素、維生素補充劑

最好的做法是提供高營養價值的食物，等待倉鼠自然痊癒；但依症狀不同，光這樣做有可能不會好轉，前往醫院會比較放心。

多半會投以抗生素、維生素補充劑。

若倉鼠有黃鼻涕、提不起精神等情形，經常是已經發展成肺炎等重症，一定要多多注意！

Point

- 提供富含營養的食物。
- 注意保溫。
- 投以抗生素和維生素補充劑。

腹瀉、軟便

徵兆與跡象
>>>見P42

正常的倉鼠糞便是圓滾滾的。
若籠內到處都沾附著糞便，即是腹瀉或軟便的跡象。

 【症狀】

從軟便到拉水便，嚴重程度有差異

• 細而軟的糞便。
• 不成形的糞便，帶有臭味。
• 水水的腹瀉，臭味強勁。

Check!

**濕尾症好發於
幼小的倉鼠**

　　細而柔軟的糞便是輕度腹瀉。若糞便開始發臭、無法成形，就表示健康狀態出現異常，而且可能和其他疾病有關聯。而若屁股、腹部出現濕潤的水狀糞便，就稱為「濕尾症」，是極度危險的徵兆。

 【起因】

細菌、病毒，感染途徑百百種

　　造成倉鼠腹瀉和軟便的原因，首先很有可能是壓力。自律神經失調、免疫力不佳，身體就會出問題。此外，過度攝取水分和油分偏多的食物，也是一個原因。蔬菜、水果含有大量的水分，堅果類則具有非常多的油分。此外，若吃進不新鮮的食物或水，食物中毒也會引發腹瀉和軟便。

　　另外，腹瀉也可能是因為細菌、病毒引起，少數情況是由寄生蟲所引發。此時經常會出現濕尾症，臭味也很強烈，比其他情況還要危殆。

提供新鮮的食物、清潔的環境，減少倉鼠的壓力

不新鮮的水和食物，都會導致腹瀉。請確認籠內情形並予以更換。比起冰水，常溫的水會更好。清理鼠籠也很重要，若有腹瀉和軟便，糞便會沾到籠內各處，因此要打掃得比平常更仔細。若倉鼠的屁股濕潤或有髒汙，將有掉毛之虞，請用柔軟的布料幫忙擦拭乾淨。

對倉鼠而言，低壓力的生活環境非常重要，在發生腹瀉和軟便的期間，溫度和濕度都要調整得比平時稍高一些。

脫水症狀非常危險，可將高營養價值的食物弄碎再餵食。

Point

- 換掉不新鮮的水和食物。
- 溫度、濕度要調整得稍高一些。
- 打掃要用心、仔細。
- 事先將食物處理成容易食用的狀態再餵食。

在變衰弱前就要前往醫院！

對倉鼠而言，腹瀉是攸關性命的狀態。如果糞便僅是細長軟便的程度，在自家中採取應對療法仍有可能康復；但濕尾症的狀態相當危險，倉鼠的身體很小，病情會快速惡化，有時約莫半天就會死亡。

藥物是以抗生素、營養補充劑為主。若狀況危殆，也可能會施以止瀉藥、點滴等。

Point

- 在發生軟便階段就要先前往醫院。
- 若有濕尾症，狀況可能已經很危急。
- 投以抗生素和營養補充劑。
- 若是重症，也會施以止瀉藥和點滴。

腸阻塞

徵兆與跡象
>>>見P42

在倉鼠的附近，是否放有結塊的廁砂、毛巾等可能放進嘴裡的東西呢？
倉鼠如果吃下肚就糟糕了！

【症狀】

原本會一顆顆大量排出的糞便，只跑出一點點？

- 便秘。
- 腹部脹大。
- 食慾不振、沒精神。

若是單純的便祕，光改善飲食就有可能好轉。長期便祕則必須懷疑是腸阻塞。

Check!

越來越瘦是邁入重症的徵兆

腸道阻塞，導致糞便無法排出、食慾低落。腹部會處於腫大的狀態。腸阻塞是可能立即致命的疾病，如果倉鼠氣力盡失，狀況就很危險了，請即刻前往醫院！

【起因】

多是腸內有異物阻塞

最常見的成因是誤吞異物，如結塊的廁砂、墊材、毛巾等。此外，長毛品種的倉鼠也常有毛堵住腸子的情形。

其他也可能是腹部長出腫瘤，壓迫到了腸子。

【對策】

最佳做法是別在倉鼠的附近放置異物

　　首要之舉，就是別讓倉鼠便祕。均衡飲食很重要，請留意多提供膳食纖維。

　　結塊的廁砂、棉花、寵物墊等容易誤吞的物品，請不要放在鼠籠內。

　　長毛品種的倉鼠，要用軟毛牙刷等定期刷毛。

Point

- 攝取膳食纖維預防便祕！
- 不放置容易誤吞的物品。
- 長毛品種要幫忙刷毛。

【治療】

吃瀉藥或透過手術去除異物

　　腸阻塞是相當危險的疾病。若只是單純的便祕，飼主還能自行處理；但想判斷究竟是單純的便祕或是腸阻塞，其實相當困難，因此若便祕情形長時間持續，就必須前往醫院檢查。

　　當吞入的異物量過多，或病症隨著時間加重，就必須動手術排除異物。

　　如果成因是腫瘤，同樣只能動手術排除異物，否則無法完全治癒。

　　視倉鼠的狀態，也有可能無法動手術。請盡速前往醫院！

Point

- 飼主無法自行處理，必須前往醫院。
- 動手術去除異物或腫瘤。

直腸脫垂

徵兆與跡象
>>> 見P42

倉鼠的屁股突然有東西跑出來，發現時想必會很驚訝。
這是極度緊急的情況，請即刻帶倉鼠前往醫院。

這是直腸從屁股跑出來的疾病

- 沒有食慾也沒精神。
- 從之前就在腹瀉。
- 倉鼠啃咬跑出來的腸子。

這是「脫肛」。
屁股突然跑出紅色物體

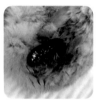

腸子跑出體外了。請盡量避免用手觸碰而導致受傷。

　　直腸脫垂常見於劇烈腹瀉的倉鼠。這是過度腹瀉引發腸扭結、跑出體外的疾病。腸套疊同樣也是腸子從屁股跑出的疾病，此時經常連小腸都會跑出來，是更危險的狀態。

幾乎都會先有腹瀉症狀

　　罹患直腸脫垂的倉鼠，幾乎都有嚴重到出現濕尾症的激烈腹瀉，可視為發病原因。即使感覺起來像是直腸突然脫垂，但實際上經常是沒注意到倉鼠已有腹瀉狀況。

　　腹瀉的原因包括過度攝取水分和油分偏多、難以消化的食物，或是被細菌、病毒感染等。

維持不會引發腸子化膿的環境

因腸子跑出體外，必須留意避免弄傷、化膿。容易沾黏在腸子上的墊材、廁砂都要拿掉。廚房紙巾柔軟且吸收性強，相當建議使用。

另外，不可以放任跑出體外的腸子變得乾燥，因此要用生理食鹽水滋潤。倉鼠在直腸脫垂後會食慾不振，所以飲食方面也必須多下工夫，例如提供高營養價值的牛奶等。

直腸脫垂之前幾乎都會先發生腹瀉。將墊材的顏色換成白色，可更容易察覺腹瀉情形。當然，打造不會腹瀉的飲食生活、低壓力的生活環境都很重要。

Point

- 避免跑出體外的腸子化膿。
- 使用生理食鹽水，避免腸子變乾燥。
- 早期發現異狀、避免讓倉鼠腹瀉！

將跑出體外的腸子推回原處

如果腸子能夠推回原本的位置，就要推回。倘若辦不到，就必須麻醉後動手術將腸子放回。由於未必能完全治癒，因此必須先判斷倉鼠能否撐過手術。

假如倉鼠年事已高，也沒有足以承受手術的體力，就要採用內科治療。此時由於無法將腸子放回原處，因應的療法會採用抗生素和消炎藥，防止化膿或細菌感染。倉鼠的頸部必須戴上防咬頭套，以免啃咬腸子。

Point

- 若腸子還處於能夠推回的狀態，就要推回。
- 如果無法推回，則動手術放回。
- 若是難以動手術，則投以抗生素和消炎藥。

膀胱炎（雄性、雌性共通）

徵兆與跡象 >>> 見P43

膀胱炎在高齡倉鼠身上較為常見。
會產生血尿等飼主容易察覺的症狀。

【症狀】

血尿、排尿時好像很痛？

- 有血尿、排尿時似乎很痛。
- 排尿次數增加。
- 難以排尿。

平時就要觀察
倉鼠尿液的顏色
及排尿量，
才能迅速察覺變化。

Check!

先了解
平時的尿液顏色

當便盆裡有紅色痕跡，首先要懷疑是受傷出血。如未見外傷，屁股附近也沒有沾血，就有很大的可能是血尿，應懷疑是罹患了膀胱炎。也會出現食慾不振、體況不佳的情形。倉鼠尿液的顏色本來就很深，要小心別跟血尿搞混了。

【起因】

主因是細菌感染

最常見的原因是細菌進入膀胱。因為壓力等導致免疫力不佳時，感染的機率也會提升。高齡、腎臟炎亦可能成了幕後推手。此外，也可能是自高處墜落等衝擊力道使膀胱出血所致。

維持衛生的生活環境，防止細菌感染

將倉鼠飼養在不衛生的環境中，容易招致細菌感染。便盆每天都要清理，鼠籠則要定期打掃（過度清理會令倉鼠不安、造成壓力）。一旦免疫力低落，就更容易受到細菌感染，因此包括維持適當的溫度和濕度、營養均衡的飲食生活等，打造低壓力環境也很重要。

另外，將墊材的顏色換成白色較能察覺血尿。

透過尿液檢查，可以得知正確的病名和狀態。前往醫院時，建議先採集可當作檢體的尿液。

Point
- 保持鼠籠和便盆的清潔。
- 打造不會造成壓力的飼養環境。
- 白色墊材較容易察覺血尿。

投以抗生素和止血劑

投以抗生素和止血劑，症狀大多都能治癒。不過，膀胱炎是非常容易復發的疾病，飼主對治療應保持耐心。

改善衛生狀態也很必要。

Point
- 投以抗生素和止血劑。
- 難以完全根治，容易復發。
- 保持環境衛生。

結石（尿道結石、膀胱結石）

徵兆與跡象
>>>見P43

倉鼠的尿液顏色，一般是類似黃白混雜的顏色。
當排出橘色或紅色尿液，就是血尿。尿道和膀胱內或許有結石。

【症狀】

血尿或可能難以排尿，尿液滴答垂落

- 血尿（有時比起紅色更接近橘色）。
- 難以排尿。
- 體重減輕，腹部卻鼓脹。

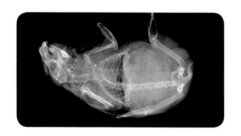

Check!

由於排尿不易
而數度上廁所

　　症狀會先從血尿開始。如果未加處
置，倉鼠就會漸漸喪失食慾，精神也會
變差。當結石越來越大，將導致排尿困
難、腹部腫脹，而且會疼痛。若演變成
尿毒症，則是危險之至！如果發現血尿
的話，請盡速前往醫院。

【起因】

鈣的結晶成分凝聚成結石

　　如果只用顆粒飼料當食物，將會過度攝
取鈣、磷、鎂等礦物質。倉鼠最喜歡吃的堅
果類，同樣含有豐富的礦物質。當結晶化的
鈣堵住尿道即是尿道結石，堵住膀胱則是膀
胱結石。

　　除此之外，有些倉鼠的體質本身就容易
生成結石，其他也可能是因細菌感染所致。

礦物質、草酸切勿過量攝取

就算倉鼠會很開心，但餵食過多堅果類也絕非好事。乳酪等食物也含有大量鈣質，要注意別餵太多。菠菜等富含草酸的葉菜類也要避免。

此外，為防尿液濃度過度上升，提供含有許多水分的蔬菜也很重要。並請設置飲水器，讓倉鼠能夠自行喝到水。

另外，定期打掃、維持乾淨的飼養環境，也能有效防止細菌感染。

血尿是結石的徵兆。為了避免漏看，可選擇如廚房紙巾等白色的紙製墊材。

Point

- 不要過量餵食富含礦物質的食物（包括顆粒飼料）。
- 維持清潔的飼養環境，防止細菌感染。
- 使用白色墊材等，不放過血尿跡象。
- 注意勿過度攝取草酸。
- 提供小松菜等，調整顆粒飼料的用量。

手術取出是最佳解決方法

結石必須透過手術摘除。

若是因細菌感染所引發，會投以抗生素或抗發炎劑。此外若有血尿情形，則會投以消炎藥和止血劑。

不過，只要長過一次結石，經常都會復發，因此必須定期檢查。

Point

- 動手術取出結石。
- 常會復發，因此要定期檢查。

子宮蓄膿、子宮水腫（雌性）

徵兆與跡象
>>>見P43

屁股周圍濕潤、腹部一帶漸漸脹大等。
只要覺得「好像怪怪的？」就必須前往醫院。病情加重可能會致命。

【症狀】

雌性倉鼠疾病；屁股流膿，甚至會出血

- 腹部腫大。
- 生殖器流膿，弄髒屁股。
- 食慾不振，提不起勁。

若想康復，必須接受子宮摘除手術。圖為手術後的樣子。

Check!

如果沒排出膿 腹部會漸漸鼓起

此病會使屁股流膿或是出血，因此屁股周圍會濡濕。腹部腫脹是相當容易觀察的症狀，有時也會出現食慾不振、無搔癢的掉毛等症狀。若是重症，甚至可能出現呼吸困難。子宮裡有膿累積，為子宮蓄膿症；有水分累積，則是子宮水腫。

【起因】

細菌跑進子宮後引起發炎

這是子宮的疾病，因此雌性倉鼠才會罹病。起因可能是性荷爾蒙失調，或是子宮內有鏈球菌、巴斯德桿菌、大腸桿菌等細菌入侵，導致發炎。高齡繁殖也是一大因素。不過，雌性在發情期，有時也會滋生膿狀的正常分泌物。到底是膿，還是無須掛心的分泌物，必須在顯微鏡下才能辨別。

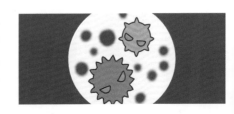

小心別讓細菌進入子宮

　　這是高齡的雌性倉鼠尤其常見的疾病。飼主所能採取的對策，就是1歲過後盡量不要使其繁殖。

　　此外壓力會使免疫力變差，因此營造不會造成壓力的飼養環境也很重要。

　　發病之後，如果屁股周圍有掉毛情形，可將墊材更換成紙材。紙材建議使用不易黏附在屁股、吸水性佳的廚房紙巾。請拿掉廁砂，整頓環境，保持倉鼠陰部的清潔。

Point

- 年過１歲就要避免繁殖。
- 提供低壓力的飼養環境。
- 將墊材變更成紙類。保持陰部清潔。

服用抗生素，或摘除子宮

　　這是好發於高齡雌性倉鼠的疾病，如果要避開手術的話，也可以選擇服用抗生素的內科治療。不過，內科治療大多無法完全治癒，若體力上能夠負擔，還是必須接受子宮摘除手術。

　　在某些情況下會採取另一種做法，用針穿刺以排除內部液體，術後再施以抗生素。

　　無論如何，都要根據倉鼠的體力來加以判斷。

Point

- 施以抗生素的內科治療。
- 想要完全治癒，就必須接受子宮摘除手術。
- 也可用針排除液體。

皮下膿瘍

徵兆與跡象
>>>見P41

皮膚下有疙瘩狀的隆起！這時候就要懷疑是皮下膿瘍。
早期發現、早期治療就能康復。

脖、肩、眼，各部位逐漸腫大

- 長出「硬塊」。
- 有時會散發膿臭味。
- 病情加劇後，食慾和
  精神都會變差。

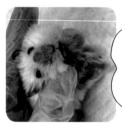

只要能夠
保持環境清潔，
就可預防此病。

Check!

**在膿的細菌傳遍全身之前
就要前往醫院！**

皮下膿瘍是皮膚下有膿累積。倉鼠的膿呈乳酪狀，像起司一樣為白色的濃稠液體。當皮膚腫脹，在還沒出現其他症狀之前，務必立刻前往醫院。等到出現全身性症狀就已經是重症了。

細菌感染。請重新審視飼養環境

倉鼠的皮下膿瘍，如果是多隻飼養的情況，可能是打架造成的傷口感染所致。如果是單隻飼養，則多半是飼養環境引發感染，例如環境不衛生、鼠籠容易導致受傷等。

儘早接受診斷，並重新審視飼養環境！

像倉鼠這樣的小動物，病症發展得相當迅速，等察覺時經常都已病入膏肓。若發現皮膚有隆起，就要即刻前往醫院。

另外，皮下膿瘍的起因是細菌感染。若在同個鼠籠中飼養多隻倉鼠，因打架造成受傷後，該處就可能遭到細菌感染。請避免多隻飼養。

就算沒有多隻飼養，如果鼠籠中不夠衛生、因高低差過多而容易受傷，就會增加細菌感染的風險。請勤於清理鼠籠內部，保持清潔。

Point

- 避免多隻飼養。
- 保持籠內清潔！
- 趁症狀輕微時就要前往醫院。

膿很黏糊，要切開去除

倉鼠的膿呈現乳酪狀，黏黏糊糊的，因此多半都必須切開才能去除。單純用針吸取的治療方式，無法得知整體情況，所以並不適用。

此外也會投以抗生素。病因多是飼養環境引起，若這點未見改善，經常會再復發。

Point

- 切開排膿。
- 投以抗生素藥劑。
- 改善飼養環境。

血腫

徵兆與跡象
>>> 見P41

咦？倉鼠的身體腫腫的？
若腫脹呈紅黑色，說不定是血腫。

血累積成的「腫塊」

- 血淤積而腫起。
- 觸感軟彈。
- 偏紅紫色。

Check!

血腫紅紫、膿瘍白色、腫瘤脆硬

　　倉鼠的身體若有硬塊，可懷疑是腫瘤（良性、惡性）、膿瘍、血腫、淋巴瘤。當中，血腫是因血液淤積形成硬塊狀。特徵是摸起來軟軟彈彈的，顏色呈紅紫色。

外傷或內出血引發血液淤積

　　血腫的成因可優先推測源自於外傷。倉鼠可能從鼠籠的2樓不慎墜落、因高低差跌倒，跟其他倉鼠打架也很常見。除此之外，亦可能是遭自身指甲抓傷所致。傷口處的出血，最後形成了血腫。

　　內臟疾病所導致的內出血，也可能使該處產生血腫。

不會造成受傷的飼養環境相當重要

血腫的多數成因都是外傷。想要避免血腫，避開外傷最重要。

請選擇塑膠製、較無高低差的鼠籠，而且最好避免多隻飼養。

要好好管控倉鼠的指甲和牙齒，不要留太長。避免設置長樓梯等危險物體，也是預防策略之一。

Point

- 使用塑膠製鼠籠，排除可能造成受傷的縫隙和高低差。
- 不在同一鼠籠內多隻飼養。
- 指甲和牙齒變長了就要剪短。

依血腫的大小和位置，治療方法會有差異

飼主在家中無法自行處置，因此請即刻前往醫院。只有在醫院接受檢查，才能正確區別血腫、膿瘍、腫瘤。若血腫小小的，等皮膚吸收血液後即會自然痊癒，有時並不需要積極治療。

如果發炎相當嚴重，會投以消炎藥；如果血腫巨大、有破裂之虞，或倉鼠可能會搔抓，則必須切開、去除血塊後消毒。

Point

- 輕微者會自然痊癒。
- 若發炎嚴重，則投以消炎藥。
- 按血腫的大小和位置，可能需要切開去除。

淋巴瘤

徵兆與跡象 >>> 見P41

由血液細胞的淋巴球腫瘤化而成。
被歸類為惡性腫瘤。常見於黃金鼠。

【症狀】

硬塊漸漸變大！

- 硬塊會成長。
- 表面可見瘡痂、掉毛。
- 強烈發癢。有時還會散發膿臭味。

硬塊容易長在耳朵、脖子、腿根、頰囊、腹部等處的淋巴結附近。

Check!

有明顯症狀時可能已是重症

淋巴瘤可分成皮膚會產生症狀的皮膚型，以及發生在全身淋巴結的多中心型。在發展成重症之前，食慾和體況都不太會有變化，若是長瘡痂和掉毛的程度，也可能不易察覺。隨著硬塊逐漸變大，將導致食慾不振，漸漸失去精神。

【起因】

高齡黃金鼠較常見

淋巴瘤並沒有已知的明確成因。較好發於黃金鼠，因此遺傳性體質可能有影響。此外，年過1歲半的病例較多，由於身體免疫力隨著年齡變差，推測也是原因之一。這跟營養狀態應該也有關係。

替倉鼠整頓飼養環境

倉鼠罹患淋巴瘤,飼主無法自行處置。若起因是遺傳或年齡,更是難以設法預防。

請替倉鼠備妥低壓力的飼養環境,避免造成免疫力低下。

請維持適當的溫度和濕度、清理籠內、提供高營養價值的食物等。不過,過度頻繁清掃,將使倉鼠的氣味消失,反而會引發不安的情緒,因此墊材以每次更換一半為佳。

養病期間的溫度、濕度,都要調得比平時還要高一些。

Point

- 飼主對淋巴瘤無計可施。
- 打造低壓力的生活環境。
- 患病期間,溫度、濕度都要調得比平時高。

難以完全治癒,請仔細考量治療方針

淋巴瘤是極為嚴重的疾病。就算切除了同樣預後不佳,很難完全治癒。如果因為年齡、體力,無法在全身麻醉下動手術,使用抗癌藥治療是次佳之策。不過,抗癌藥的副作用很強,若不願意採用,也可透過免疫賦活劑、消炎藥來治療。

每種治療方式都無法完全復原,病情最終都會持續發展。很重要的一點在於,就算只有特定期間,也必須緩和倉鼠的痛苦,協助維持良好的健康狀態。

Point

- 無法根治。
- 以開腹手術去除。
- 投以抗癌藥、免疫賦活劑、消炎藥。

癲癇發作

徵兆與跡象
>>>見P44

倉鼠沒有在動!?仔細一看才發現,倉鼠眼睛睜著,手腳每隔一陣子就會痙攣。這說不定是癲癇發作。請靜下心來處理。

【症狀】

手腳痙攣;通常在數分鐘內就會復原

- 手腳僵直。
- 手腳顫動、痙攣。
- 也可能失去意識。

一開始或許
會很驚訝,
但癲癇不會致命,
請保持冷靜。

Check!

**相同症狀會
反覆發生**

癲癇是因大腦異常所引起的疾病,會反覆發生。當倉鼠突然失去意識、全身肌肉痙攣、做出異常舉動,將會使飼主大吃一驚。一般在發作數分鐘後就會復原,但隨後大多會神志不清。

【起因】

成因是大腦神經細胞異常

癲癇分成全面發作和局部發作,前者會失去意識、全身僵直;後者通常會有意識,產生可疑舉止、手腳痙攣等局部症狀。

癲癇發作的原因除了遺傳性體質外,也可能是腫瘤、外傷、腦炎等引起,可透過X光檢查確認。

【對策】

不要慌張，先仔細觀察倉鼠的狀態

癲癇會突然發作，飼主有時會嚇一跳而將倉鼠捧起，但這會對倉鼠造成負擔，請不要這麼做。依情況倉鼠可能會失去意識，請在倉鼠身旁放置抱枕等，以免受傷。若將手放進倉鼠的嘴巴裡，有遭到啃咬的危險性。

先將發作的時間和次數等記錄下來，在向醫師說明時就會派上用場。將倉鼠發作時的狀態拍成影片，同樣很有幫助。畢竟很多時候都是在抵達醫院之後，癲癇的發作就結束了。

癲癇的起因大多是遺傳性體質，平時並不具直接性的預防對策。

Point

• 別慌慌張張地挪動倉鼠。
• 施以保護措施，以免倉鼠受傷。
• 記錄發作時的狀態。

【治療】

難以根治；投以抗癲癇藥

癲癇會反覆發作，無法完全治癒。治療目的在於減少發作的頻率。就算癲癇發作，也未必需要治療；如果長時間、頻繁發作，則必須服用抗癲癇藥（若是3個月內約2次短時間發作的程度，並不需要服藥）。

抗癲癇藥無法治好癲癇，而是用來控制癲癇症狀的藥物，因此必須長期服用。

Point

• 無法根治。
• 若症狀輕微，則不需治療。
• 必要時必須服用抗癲癇藥。

中暑

徵兆與跡象
>>>見P44

中暑對人類來說，已算是危險症狀，
對於不耐熱的倉鼠，更是夏季時的大敵。要有萬全的抗暑策略！

【症狀】

倉鼠不會流汗，身體卻濕濕的？

• 走路搖搖晃晃。

• 精神萎靡，呼吸似乎很痛苦。

• 身體濕濕的。

> 倉鼠的身體很小，
> 比人類還要不耐高溫。
> 不論如何都要做足
> 溫度調節。

Check!

仰睡是危險的徵兆

　　仰躺著睡覺、呼吸紊亂、進食時腳步不穩且搖搖晃晃。倉鼠明明天生不會流汗，身體卻是濕的。碰到這些情況就必須多多注意。當倉鼠無法順利調節體溫時，就會傾向仰躺著睡覺。所有徵兆都不能漏看。

【起因】

總之倉鼠就是不耐熱

　　對倉鼠而言，適宜溫度約為20～26℃。據說超過28℃，倉鼠就會處於相當吃力的狀態。哪怕是人類感到十分舒適的春、秋季陽光，之於倉鼠都相當危險。尤其當室溫超過30℃之後，因為中暑而死亡的機率就會猛然提升。

🐹【對策】

降低體溫、補充水分

倉鼠中暑時的處置方式，基本上跟人類相同。不過，倉鼠天性上不會碰水，因此請用毛巾包好保冷劑等物品，緩緩地替倉鼠降低體溫。另外也要用空調降低室溫，並讓倉鼠攝取水分。也可以餵食稀釋至1/2～1/3濃度的運動飲料。

日常中的預防策略，最關鍵的就是要使用空調，讓室溫維持在26℃以下。倉鼠是夜行性動物，因此也要避免日光直射。

請頻繁換水，讓倉鼠能夠經常補充新鮮的水分。當天氣炎熱，水質也會立即變差。不妨先在籠內放置涼感商品，讓倉鼠變熱的身體能夠降溫。

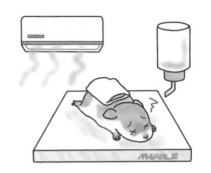

Point

- 緩緩降低體溫，補充水分。
- 讓室內變涼爽。
- 炎熱的日子要用空調管控溫度。

🐹【治療】

有脫水症狀須施以點滴

在自己家中進行緊急處置後，就請前往醫院。就算覺得倉鼠已經復原，或許還是存在著眼睛所未見的不適。

若脫水症狀很嚴重，也可能必須使用點滴。事前先向醫院確認能否提供點滴會比較放心。

Point

- 就算覺得已經復原，還是要去醫院。
- 脫水症狀過度嚴重，就得使用點滴。
- 要事前確認能否提供點滴！

骨折

徵兆與跡象
≫≫見P44

倉鼠的步行方式異於平時，有些奇怪，或是拖著腳走路。
這些跡象有可能就是骨折了。倉鼠相當活潑，因此骨折並不罕見。

症狀

為了保護骨折位置，而做出奇怪的動作

- 走路方式很奇怪。
- 手腳往不自然的方向彎曲。
- 身體腫起、搖搖晃晃。

Check!

後腳骨折壓倒性偏多

　　倉鼠的活動很激烈，骨折是家常便飯。最常見的是膝蓋下方的骨頭，次多的則是腿骨。骨折後，倉鼠的走路方式多半會變得很奇怪；若是性格活潑的倉鼠，甚至可能沒發現而繼續活動。背骨的骨折，會使腳部無法順暢動作。

起因

肇因泰半源自於飼養環境

　　倉鼠的身體很小，尤其是沒有脂肪覆蓋的手腳，稍加受力就會骨折。諸如在鼠籠中攀爬時摔落、腳被鼠籠的縫隙夾住等，在滾輪上玩耍時摔下也很常見。有時甚至是被飼主摔落或不小心踢飛所致。

🐹【對策】

替倉鼠減少身體的負擔

如果覺得倉鼠好像骨折了，在前往醫院之前，哪怕只有些許，也請設法讓倉鼠的身體變得輕鬆一些。

首先，若倉鼠無法好好走路，就要拿掉如滾輪等障礙物，以免倉鼠在籠內又再次跌倒。將墊材鋪厚一點，對身體而言也會比較輕鬆。

此外，帶倉鼠去醫院時的外出籠，尺寸必須要小一點，以防止倉鼠在外出籠裡動來動去。

另外，在日常生活中也要避免使用2層樓的鼠籠、不放置容易造成受傷的物品、不將倉鼠抱到高處、放倉鼠散步時要小心以對等，每一點都很重要。

Point

- 去除籠內的障礙物。將墊材鋪厚。
- 用較小的外出籠帶至醫院。
- 平時就要營造不會受傷的環境。

🐹【治療】

一般都採固定治療，也可能需要動手術

治療內容會按骨折位置、程度、經過的時間等來選擇，一般都會用石膏固定。倘若骨折太過嚴重，也可能必須動手術，在骨頭裡置入骨釘予以固定。不過，手術對倉鼠的負擔相當沉重，並不是最佳選擇。

雖然也有可能自然痊癒，但若骨頭處於歪曲的狀態，將會產生沾黏情形。

有些倉鼠會因為討厭石膏而去啃咬、拉扯等，如果沒有這些狀況，還是建議包上石膏積極治療。

Point

- 透過石膏固定治療。
- 動手術在骨頭中置入骨釘。
- 依情況可能自然治癒。
- 截肢。

後記

　　第一批來到我們家中的倉鼠寶貝，名叫CHIRO和RAN。牠們是加卡利亞倉鼠的布丁毛色。由於實在可愛到不行，我們一見鍾情後就決定帶牠們回家，然而當時，我們對於倉鼠卻是一無所知。我們按照居家用品量販店員工的建議，每天都餵葵花子，隨後，葵花子的高卡路里引發倉鼠肥胖，我們才赫然發現，原來每週頂多只能給1顆。就跟人類一樣，肥胖是倉鼠的百病之源。當時的無知實在非常可怕。

　　從那之後，我們希望能夠好好認識倉鼠寶貝的一切，開始每天上網查起了資料。不過，充分介紹倉鼠飼養方式的網站並不多，實際飼養者所寫的部落格，成了我們唯一的資訊來源（時至今日，資訊應該已經比從前還要多了）。不過，部落格上的資訊，人人各有一套，不夠明晰之處同樣很多。除此之外，其他孩子的情況，也未必能適用於自家孩子的身上。因此，我們決定將自身的經驗逐步寫成記錄，並開始透過部落格介紹，希望能夠幫助跟我們有著相同困擾的人。在不知不覺之間，跟倉鼠寶貝相關的朋友圈，已經變得越來越廣了。

　　另一方面，丈夫俊介覺得「倉鼠這麼可愛，實在想再了解得更多」，因而發憤學習，大量閱讀文獻和醫學書籍，習得了不輸給任何人的豐富知識。妻子樹美則希望往後能夠更加貼近動物，因而取得了日本的「家庭動物管理士」資格。我們擁有越多知識後，越是深刻體會理解的重要性。

　　跟動物一起生活，絕對不會盡是美好的事，偶爾也會感到很傷心。不過，哪怕只有少許的知識，只要學會就能減少憾事的發生。

　　倉鼠只能活在人所提供的環境之中。這些孩子無論疼痛或是辛

苦，一概無法對外表達。倉鼠的壽命相當短暫，為了讓牠們天天都過得安穩幸福，並且延長哪怕只有一點點共處的時間，我們夫妻因而決定要製作這本書籍。

由於參與了松子DELUXE的節目，以及在各種緣分的幫助下，這本書才得以問世。我有一本過去非常愛讀、實屬罕見的優質倉鼠書籍，叫做《小学生でも安心！はじめてのハムスター正しい飼い方・育て方(小學生也能安心！首次飼育倉鼠的正確方法)》。能夠由出版該書的「mates出版社」推出本書，實在令人萬分喜悅。編輯堀明研斗先生，對身為外行人的我們夫妻倆多有鼓勵，協助打造出這樣一本精彩的書籍，感激之情實難言表。

關於本書的內容部分，我們請來了獸醫師中西比呂子小姐協助監修。醫師從我們對倉鼠寶貝一無所知的時期就對我們照顧有加。她是少見專攻小動物的醫師，態度溫和，對飼主和倉鼠寶貝都用心以對，是一位相當可靠的醫師。過去她曾數度替我們拯救過倉鼠寶貝的生命。在此衷心致上謝意。往後也要麻煩醫師多多照顧。

另外，許多倉鼠飼主好友都協助提供了倉鼠寶貝的資料照片和情報，我們也想藉此機會說聲謝謝。我們等倉鼠網友聚時再見！

還有，我們也想向一路以來帶給我們許多幸福回憶的倉鼠寶貝們，致上由衷的感謝。

山口俊介、樹美

【監修者】山口俊介　山口樹美

現居兵庫縣尼崎市。在奇妙的機緣下開始飼養倉鼠，目前擁有4隻倉鼠和12隻蜜袋鼯的大家庭。丈夫俊介為了帶給可愛的倉鼠多一分舒適幸福的生活，起念閱讀大量的倉鼠相關文獻，變得比任何人都懂倉鼠；太太樹美則在部落格上持續撰寫與天使般美好的倉鼠們所共度的每一天。該部落格「倉鼠與蜜袋鼯 媽媽奮鬥記」(https://ameblo.jp/kanan7777/) 在Ameba部落格網站「與珍貴寵物的生活」類別中蟬聯熱門的前幾名。以此部落格為契機，兩人在2018年10月參加了TBS電視台的節目《Matsuko不知道的世界》。超愛倉鼠的這對夫婦因而成為話題。此外，太太樹美也為了倉鼠等動物們取得了家庭動物管理士的資格。

【醫療監修】中西比呂子

出生於兵庫縣。麻布大學獸醫學部獸醫學科畢業。曾於大阪府的動物醫院任職3年，其後在2007年，夫妻一同於兵庫縣尼崎市開設了YUZU動物醫院，擔任非犬貓動物專科醫師，專為兔子、倉鼠、鳥類、雪貂、天竺鼠、鼯鼠、刺蝟、爬蟲類等小動物看診至今。

日文版工作人員
■ 照片協助 (依日文50音排序)：
アラタ、アン、うずまき、カナン、雫、高橋あゆみ、高畑紀子、たればうあー、たろう、ととまる、中西浩子、はるたろう、福。、mayuki
■ 編輯・製作：有限會社イー・プランニング
■ 編輯協助：石井栄子、中村亮子
■ 插畫：品玉ちなみ
■ DTP／內文設計：大野佳恵

小動物獸醫師專業監修！
倉鼠完全照護手冊

2020 年 2 月 1 日初版第一刷發行
2022 年 8 月 1 日初版第三刷發行

監 修 者　山口俊介　山口樹美
醫療監修　中西比呂子
譯　　者　蕭辰偉
副 主 編　陳正芳
發 行 人　南部裕
發 行 所　台灣東販股份有限公司
　　　　　<地址>台北市南京東路四段 130 號 2F-1
　　　　　<電話> (02)2577-8878
　　　　　<傳真> (02)2577-8896
　　　　　<網址> www.tohan.com.tw
郵撥帳號　1405049-4
法律顧問　蕭雄淋律師
總 經 銷　聯合發行股份有限公司
　　　　　<電話> (02)2917-8022

TADASHIKU SHITTEOKITAI HAMSTER NO
KENKOU TO BYOKI SHIAWASE SUPPORT
BOOK
© e planning , 2019
Originally published in Japan in 2019 by
mates publishing co., ltd.
Chinese translation rights arranged through
TOHAN CORPORATION, TOKYO.

國家圖書館出版品預行編目資料

倉鼠完全照護手冊：小動物獸醫師
專業監修！／山口俊介, 山口樹美監修；
蕭辰偉譯. -- 初版. -- 臺北市：
臺灣東販, 2020.02
　112面；14.8×21公分
　ISBN 978-986-511-250-9 (平裝)

　1.鼠 2.寵物飼養

389.63　　　　　　　　　108022665

TOHAN